PRINCIPAUX
MÉMOIRES

DES CONCURRENTS

A LA PRIME D'HONNEUR

Décernée en 1859,

AU CONCOURS RÉGIONAL

DE SAINT-QUENTIN.

LAON.

IMPRIMERIE DE ÉD. FLEURY, RUE SÉRURIER, 22.

1859
1860

PRINCIPAUX
MÉMOIRES

DES

CONCURRENTS A LA PRIME D'HONNEUR.

En 1859, a eu lieu à Saint-Quentin (Aisne), le Concours régional pour huit départements de la zône du nord de la France.

Un prix d'honneur devait être décerné spécialement à l'exploitation la mieux dirigée et qui aurait réalisé les améliorations les plus utiles dans le département où avait lieu le concours.

Ce prix d'honneur, donné par le Gouvernement et consistant en une somme de 5,000 fr. et une coupe en argent de la valeur de 2,500 fr., devait donc être donné à un agriculteur du département de l'Aisne.

Voici les noms des dix-sept propriétaires et cultivateurs de ce département qui se sont fait inscrire pour concourir à cette prime d'honneur :

M. le vicomte de CHEZELLES, propriétaire à Frières-Faillouël, pour une exploitation agricole à Frières-Faillouël (canton de Chauny).

M. RENOUARD, pour la Compagnie SEILLIÈRE, directeur des fermes de la Société à Oisy (canton de Wassigny), pour les fermes de l'Arrouaise.

M. CAUDRON, membre du Conseil général et maire du Nouvion, pour la ferme de Fontenelle (canton de La Capelle).

MM. BRIQUET frères, cultivateurs à Neuville-Saint-Amand (canton de Moy), pour leur ferme de Saint-Lazare.

M. Virgile BAUCHART, cultivateur à Origny-Sainte-Benoîte (canton de Ribemont), pour sa ferme de Montplaisir.

M. MALÉZIEUX, cultivateur à Voharies (canton de Sains), pour la ferme qu'il y exploite.

M. CONSEIL-LAMY, cultivateur à Oulchy-le-Château, pour la ferme qu'il y exploite.

M. DUBRULLE-PREMECQUE, cultivateur à Prémont (canton de Bohain), pour la ferme qu'il y exploite.

M. ANDRÉ, cultivateur à Rogécourt (canton de La Fère), pour sa ferme de Montrouge.

M. le vicomte de ROUGÉ, propriétaire au Charmel (canton de Fère-en-Tardenois), pour sa ferme de La Fosse, commune de Courmont, et les travaux de drainage qu'il y a faits.

M. **Lefèvre**, cultivateur et maire de Corbeny (canton de Craonne), pour la ferme qu'il y exploite.

M. **Vallerand**, cultivateur à Saint-Christophe-à-Berry (canton de Vic-sur-Aisne), pour sa ferme de Mouflaye.

M. **Leduc**, cultivateur à Beaurevoir (canton du Câtelet), pour sa ferme qu'il y exploite.

M. **Minelle**, cultivateur à Courmont (canton de Fère-en-Tardenois), pour sa ferme de Villardelle.

M. **Camus**, cultivateur à Pontru (canton de Vermand), pour sa ferme de Berthaucourt.

M. Henri **Carette**, propriétaire et cultivateur à Auffrique-et-Nogent (canton de Coucy), pour drainage et élevage des bestiaux dans la ferme de Nogent.

M. **Théry**, propriétaire à Grugies (canton de St-Simon), pour drainage dans son domaine de Flavy-le-Martel et Annois.

Ces deux derniers concurrents se présentent pour l'encouragement au drainage et à l'élève du bétail.

Lors de la séance solennelle pour la distribution des prix qui a eu lieu à Saint-Quentin, le 14 mai 1859, M. Lefour, inspecteur-général de l'agriculture, a fait connaître le résultat des délibérations du jury pour la prime d'honneur, et a proclamé le nom de M. **Vallerand**, de la ferme de Mouflaye, commune de Saint-Christophe-à-Berry, canton de Vic-sur-Aisne, comme étant celui qui avait le plus de droits à la haute récompense décernée par le Gouvernement.

M. **Lefour** a ajouté que, comme la prime avait été vivement disputée, M. le Ministre de l'agriculture avait, sur la demande expresse du jury, accordé six grandes médailles d'honneur aux six concurrents qui arrivaient immédiatement après M. Vallerand; puis il a proclamé par ordre alphabétique les noms suivants :

MM. V. **Bauchart**, à Montplaisir, canton de Ribemont.

Carette fils, à Auffrique-et-Nogent, canton de Coucy.

Caudron, au Nouvion.

Vte de **Chezelles**, à Frières-Faillouël, canton de Chauny.

Leduc, à Beaurevoir, canton du Câtelet.

Malézieux, à Voharies, canton de Sains.

Qui tous se sont distingués par des efforts couronnés de succès et des résultats accomplis.

Les mémoires que nous donnons ci-après sont les seuls qu'il nous ait été possible de nous procurer; on verra, du reste, que ce sont les principaux.

Mémoire de M. VALLERAND,

Cultivateur à la Ferme de Moufflaye, canton de Vic-sur-Aisne, arrondissement de Soissons.

Renseignements généraux.

Situation de la Ferme. — La ferme de Moufflaye est située sur l'un des plateaux du Soissonnais de la rive droite de l'Aisne, à l'extrémité Ouest du département de ce nom.

Les terres qui en dépendent sont réparties sur les territoires de St-Christophe-à-Berry, Vic-sur-Aisne, Bitry, St-Pierre-lès-Bitry, Moulin-Sous-Tous-Vents et Autrèches.

Configuration du sol. — Le plateau de Moufflaye est large d'environ trois kilomètres ; il domine d'une hauteur de cent mètres environ, du côté du Midi, la vallée de l'Aisne ; du côté de l'Est les hameaux de Sacy et Bonval, et du côté de l'Ouest les villages de Bitry et St-Pierre ; il se soude du côté du Nord à la chaîne de montagnes qui parcourt l'arrondissement de Soissons de l'Est à l'Ouest.

Le terrain en est légèrement incliné au Sud, à l'Est et à l'Ouest et presque horizontal au Nord.

Constitution de la couche arable. — Le plateau se compose de trois sortes de terre :

1° La première, vulgairement appelée *terre blanche*, en occupe le sommet. L'élément dominant paraît être la silice divisée très-fin, et mélangée à une certaine quantité d'argile et à une faible partie de calcaire. — Le sous-sol est une argile maigre, de couleur brune, contenant de l'oxide de fer en assez grande abondance ; cette portion du plateau est presque horizontale.

2° La seconde, connue sous le nom de *Rougière*, se présente en contre-bas de la terre blanche ; son inclinaison est beaucoup plus prononcée. Elle renferme moins de silice, un peu plus d'argile, et repose sur un sous-sol plus argileux encore, et contenant plus d'oxide de fer que le sous-sol de la terre blanche.

3° Enfin la troisième sorte de terre, désignée sous le nom de *Granière*, entoure en quelque sorte le plateau de toutes parts. C'est un mélange d'argile, de silice et de calcaire assez grossier; ce dernier élément domine. Le sous-sol, essentiellement calcaire, est sec et aride.

Climat. — Le climat est tempéré, mais par rapport à la vallée, il est froid; l'air y est très-vif.

Eaux. — Il n'existe pas la moindre source sur le plateau; quelques faibles pleurs seulement suintent dans les côtés, à vingt mètres environ au-dessous du niveau des dernières terres cultivées. L'eau passe généralement pour être de bonne nature, et je n'ai jamais entendu personne s'en plaindre; celle du puits de la ferme contient des sels qui corrodent le plomb et le cuivre. Les tuyaux de ma pompe qui étaient en plomb, ont été rongés plusieurs fois, ainsi qu'un bassin garni de même métal, qui n'a pas duré plus de six semaines. J'ai fait remplacer ces tuyaux par des tuyaux en fonte et le bassin de plomb par un réservoir en tôle peinte.

Distance des marchés. — Je vends ordinairement mes blés, sur échantillon, au marché de Vic-sur-Aisne, distant de la ferme de quatre kilomètres; tantôt à des commissionnaires qui les expédient à la meunerie de Pontoise, et tantôt à des meuniers de nos environs, qui revendent les farines à Compiègne, Noyon, Soissons, ou les expédient sur Paris, Lille et Valenciennes, par la marine des rivières de l'Aisne et de l'Oise, par les canaux et par le chemin de fer du Nord.

Je livre aussi presque toutes mes betteraves à Vic, soit pour la sucrerie de ce pays, soit à destination du Nord.

Main-d'œuvre. — La main-d'œuvre est devenue assez rare depuis quelques années, par suite de l'ouverture de carrières nouvelles et de l'établissement de plusieurs sucreries très-importantes qui occupent, en hiver, un grand nombre de bras à la fabrication du sucre, et en été, un plus grand nombre encore à la culture de la betterave. Autrefois les hommes gagnaient de 1 fr. 25 à 1 fr. 50, les femmes de 60 à 70 cent. par jour. Aujourd'hui, la journée d'homme se paie 1 fr. 75 à 2 fr., et celle des femmes 1 fr. au minimum, encore commence-t-elle plus tard et finit-elle plus tôt; de sorte que, eu égard à la quantité de travail fourni et à l'argent dépensé, le prix de main-d'œuvre est à peu près doublé.

Au sarclage de betteraves, les hommes peuvent gagner à la tâche de 2 fr. 50 à 3 fr. et les femmes 1 fr. 50 à 2 fr. par jour. Le prix de cette tâche est d'environ cinquante francs par hectare pour quatre binages.

Nos conducteurs de chevaux et de bœufs sont payés, outre la nourriture, à raison de 25 à 30 fr. par mois. Les chefs de bouverée gagent jusqu'à 35 fr.

Production du pays. — Autrefois l'arrondissement de Soissons, qui est un pays essentiellement agricole, était presque exclusivement livré à la production des céréales. Depuis quelques années, la culture de cet arrondissement s'est particulièrement portée sur la betterave qui remplace en partie l'avoine, les fourrages et la jachère. La production du blé n'y a rien perdu ni en qualité ni en quantité; au contraire, elle y a gagné.

Le pays manquant de pâturages, le bétail y est plutôt élevé ou engraissé dans le but d'obtenir des fumiers, dont l'agriculture ne peut se passer pour maintenir la fertilité des terres , que comme spéculation sur la production de la viande et de la laine. La petite culture donne la préférence à la vacherie , la grande à l'élevage des moutons. Cette dernière industrie commence à céder la place à celle de l'engraissement par les pulpes de betterave que les cultivateurs retirent des sucreries qui viennent de s'élever.

Renseignements spéciaux.

Jardin, clôture. — Les terres du domaine de Moufflaye ne sont pas closes, à l'exception d'un jardin que j'ai fait faire à mes frais, il y a environ quinze années, en y rapportant une grande quantité de bonnes terres. J'ai planté ce jardin d'arbres fruitiers, et je l'ai entouré d'un côté de haies vives et d'autre côté d'un mur garni d'espaliers.

Importance de l'exploitation, mode de jouissance. — La contenance de l'exploitation de Moufflaye est de 275 hectares de terre, et c'est principalement en qualité de fermier que je les exploite, puisque sur cette quantité il n'y a que 25 hectares qui m'appartiennent. Les 250 hectares dont je ne suis pas propriétaire, me sont actuellement loués pour une durée qui varie depuis neuf jusqu'à dix-huit ans, à la charge, outre l'impôt, de payer aux propriétaires de ces terres , aux époques des 11 novembre, 25 décembre, 25 février et 25 avril, une redevance annuelle de 616 hectolitres de blé, trois mille quatre cent quatre-vingts francs et diverses faisances.

En évaluant le blé au prix moyen de 20 francs l'hectolitre, le fermage et l'impôt de toute l'exploitation peuvent s'établir de la manière suivante :

1° 616 hectolitres de blé à 20 fr. . . . . 12,320 fr.
2° Argent. 3,480
3° Faisances estimées 300
4° Fermage des 25 hectares qui m'appartiennent, à raison de 70 fr. l'un (il n'y a ni savarts ni bois) . 1,750
5° Contribution sur le tout. 2,643

Total. . . . . 20,493 fr.

Importance du capital employé. — Le capital employé à faire valoir cette exploitation s'élève à la somme de 258,000 francs , d'après l'inventaire ci-joint, qui a été dressé le 31 décembre dernier. Il me serait sans doute difficile de donner moi-même un point de comparaison pour préciser le chiffre du capital généralement employé à l'exploitation de domaines de la même importance , et il me suffira de dire à MM. les membres du jury qu'ils pourraient eux-mêmes trouver ce point de comparaison dans le prix connu des cessions de ferme, faites depuis plusieurs années dans la contrée qui m'environne. La voix publique, d'ailleurs, sera à cet égard un meilleur et un plus digne garant de la vérité que mon assertion personnelle.

Le corps de ferme de Moufflaye se compose des divers bâtiments dont le plan est annexé au présent mémoire. Les uns appartiennent au propriétaire ; les autres m'appartiennent et ont été faits à mes frais, depuis mon entrée à Moufflaye.

Emploi des terres de 1857. — Voici quels ont été en 1857 les ensemencements généraux de l'exploitation, y compris les parties en savarts et bois, ainsi que les sous-locations :

1° Savarts	7 h.	» »
2° Bois	4	» »
3° Sous-locations	8	» »
4° Jardin	»	50
5° Betteraves	85	» »
6° Blé	90	» »
7° Fourrages divers	57	» »
8° Avoines	11	» »
9° Pommes de terre	12	50
Total	275 h.	00

Transports. — Je fais mes transports au moyen de tombereaux et de chariots traînés par des bœufs et des chevaux. Mes bœufs sont tirés du Nivernais et sont attelés par les cornes, suivant l'usage de la Bourgogne.

Ces transports étaient autrefois très-difficiles ; mais je les ai rendus plus faciles en faisant construire à mes frais deux kilomètres de chemins empierrés, qui relient la ferme vers l'Ouest et le Sud à la route départementale de Vic-sur-Aisne à Noyon. A cet effet, j'ai défriché, dans la pièce de la ferme appelée la Valayette, un ravin de cent mètres de long sur six de large, et je l'ai converti en terre labourable. Dans la même pièce j'ai fait également disparaître un rideau. Les matériaux que j'ai trouvés dans ces défrichements, les roches que les charrues rencontraient dans les terres en pente, et des extractions de pierres que j'ai fait faire, dans deux carrières ouvertes par moi, m'ont servi à construire ces deux kilomètres. Je crois pouvoir dire que ce sont là des améliorations que ne font pas tous les fermiers, et que j'ai payé le droit de revendiquer l'honneur de les avoir faites.

Assolements. — Ces améliorations dans les voies de communication m'ont permis en même temps d'améliorer mes assolements, en y faisant entrer plus aisément la betterave dont le transport est si lourd et si coûteux. J'ai adopté des assolements, l'un pour les terres de première, deuxième et troisième classes, que j'appelle assolements de cinq ans, parce que je fume et défonce tous les cinq ans ; l'autre, que j'appelle assolement libre et qui est destiné aux terres de quatrième et cinquième classes.

COMPARAISON

entre les assolements de la ferme de Moufflaye,

pendant les trois premières années et pendant les années 1856, 1857 et 1858.

ANNÉES	QUANTITÉ totale à cultiver		DÉTAIL DES QUANTITÉS en chaque nature de culture et récolte.																OBSERVATIONS.
			Jachère		Blé.		Seigle.		Avoine		Betterave.		Pommes de terre.		Menus grains.		Fourrages artificiels.		
	Hect.	Ares.	Hect.	Ares.	Hect.	Ares.	Hect.	Ares.	Hect.	Ares.	Hect.	Ares.	Hect.	Ares.	Hect.	Ares.	Hect.	Ares	
1856	255	50	40	»»	60	»»	10	»»	70	»»	»»	»»	5	»»	20	50	50	»	1re an. de M. Vald.
1857	255	50	40	»»	60	»»	5	»»	65	»»	»»	»»	5	»»	20	»»	60	50	2e année —
1858	255	50	40	»»	60	»»	5	»»	65	»»	2	»»	3	»»	20	50	60	»»	3e année —
1856	255	50	»»	»»	85	30	4	78	23	20	71	71	5	41	»»	»»	65	10	21e année —
1857	255	50	»»	»»	86	75	3	25	11	»»	85	»»	12	56	»»	»»	57	»»	22e année —
1858	255	50	»»	»»	85	59	»	»»	20	30	86	19	6	92	»»	»»	56	70	23e année —

J'entrerai dans quelques développements pour préciser les voies et moyens de la rotation de l'assolement de cinq ans.

Détail de l'assolement de cinq ans. — 1re année. — *Betteraves.* — Après chaume de blé et de trèfle, je place une récolte de betteraves, en fumant à raison de 70 à 75 mille kil. à l'hectare, enterrés à 35 centimètres par la défonceuse traînée par 12 bœufs. Au printemps, je répands sur le labour 300 kilos de guano et je l'enterre à l'extirpateur. Sur le labour, je marne à raison de 250 hectolitres.

2e année. — *Betteraves.* — Je répète la betterave sur un labour de 20 centimètres avec 300 kilos de guano. De plus, j'emploie par hectare de 10 à 12 mètres cubes d'engrais pulvérulents, composés de chaux, d'écumes de défécation et de cendres pyriteuses, qui ont séjourné plusieurs mois dans les bergeries et qui sont imprégnés de l'urine de moutons.

3e année. — *Blé.* — Sur un labour de 15 centimètres, avec 250 kilog. de guano.

4e année. — *Trèfle.* — Avec cendres pyriteuses, à la dose de 40 hectolitres à l'hectare.

5e et dernière année. — *Blé.* — Sur trèfle défriché à 20 c. de profondeur, avec guano, à raison de 250 kil.

Engrais et amendements. — MM. les membres du jury voient par ces détails que si je demande beaucoup à la terre, je lui donne aussi beaucoup et qu'en fait de fumiers je ne marchande pas avec elle.

Amendements et composts. Chaux. — Indépendamment des engrais et des amendements dont je viens de parler, il en est un dont je fais grand cas pour la culture de la betterave, parce qu'il échauffe puissamment la terre et contribue beaucoup à la bonne levée de cette plante, ainsi qu'à l'expulsion ou à la destruction des insectes ; c'est la chaux mélangée aux vidanges de mare, aux écumes de défécation, aux cendres noires, etc. J'ai fait préparer dans ce but, pour le printemps prochain, un tas de 400 mètres cubes qui reviennent à 6 fr. l'un.

En 1856, j'ai également fait transporter, sur une pièce de terre de nature calcaire, au lieudit *le Riot*, 1,200 mètres cubes de terre argileuse provenant du curage de ma mare et de déblais faits au-dessous de ma halle.

Plâtres. — J'employais autrefois le plâtre sur mes prairies artificielles au printemps. J'y ai renoncé, parce que j'ai remarqué que son effet était inférieur à celui de la cendre pyriteuse.

Parcages. — J'ai renoncé aussi au parcage, depuis quelques années, par suite de la suppression de la jachère et à cause du désavantage que je trouvais à faire consommer mes fourrages en été, au lieu de les faire consommer en hiver.

Fumier. — Je remplace le parcage par le guano, et au lieu de gaspiller, en partie, mes fourrages, en les faisant pâturer sur place, je les fais consommer en hiver, hâchés et mélangés avec la pulpe. Je nourris de cette manière, pendant six ou huit mois, une quantité plus grande de bétail ; et comme ce bétail est nourri non à l'état d'entretien, mais à l'état d'engraissement, je fais en hiver une quantité double de fumier de bien meilleure qualité, et tous ces fumiers, profondément enfouis au fur et à mesure de leur fabrication, me donnent, dans l'année même, une récolte de betteraves.

Préparation et emploi. — Martin, dans son *Traité des engrais et des amendements*, conseille aux cultivateurs d'employer les fumiers au sortir des étables, pour éviter la déperdition qu'ils éprouvent, lorsqu'on les laisse dans les cours exposées à la dessication, par l'action du soleil et des vents, ou au délavement occasionné par les pluies torrentielles ; je partage la manière de voir de cet agronome. Toutefois, comme le temps, l'état des chemins ou celui du sol ne permettent pas toujours au cultivateur de transporter et d'employer les fumiers en toutes circonstances, je suis assez souvent obligé d'en faire des dépôts dans ma cour. Pour les préparer et les conserver dans de bonnes conditions, j'ai cru faire une bonne opération en remplaçant une fosse à fumier assez profonde, dans laquelle mon prédécesseur déposait les siens et dans laquelle se rendaient les eaux pluviales, par une plate-forme légèrement inclinée et entourée de rigoles destinées à détourner ces eaux pluviales et sur laquelle je dépose mes fumiers. Au centre de cette plate-forme, j'ai placé un abreuvoir qui attire mon bétail de tous les points de la cour. Ses allées et venues triturent les litières, les mélangent aux déjections, compriment en peu de temps tous les matériaux de l'engrais et en font un tout homogène sans fermentation appréciable, ni déperdition. D'un autre côté, aucun délavement ne pouvant avoir lieu, à cause des rigoles, la quintessence des principes de l'engrais se trouve conservée, sauf le cas d'un violent orage ; auquel cas, je puis restituer à mon fumier, à l'aide d'une pompe à purin et d'une citerne, tous les produits qui ont pu s'en échapper.

Malgré les avantages de cette préparation, je préfère encore les fumiers frais, mais à la condition, toutefois, de les enterrer profondément, afin de débarrasser la surface du sol de leurs matériaux les moins décomposés, particulièrement des litières qui autrement entraveraient la marche des instruments aratoires, et seraient exposés à une déperdition de leurs principes fertilisants à l'époque des grandes chaleurs,

Cette méthode doit être particulièrement avantageuse au plateau de Moufflaye composé, ainsi que je l'ai dit plus haut, d'une silice divisée très-fin, et sans affinité pour la lumière.— Placés au fond de la raie, sans fermentation préalable, ces fumiers, dont les matériaux ont conservé une certaine rigidité, y constituent une sorte de *drain*, qui assainit le sol en hiver, en y charriant de l'air et de la chaleur, et, plus tard, en été, lorsque leur décomposition a lieu, y constitue un réservoir humide, contre lequel la sécheresse est impuissante.

Les betteraves, sur des fumiers employés dans ces conditions, ont toujours traversé, sans souffrir, les chaleurs les plus intenses ; tandis que, dans les terres où les fumiers ont été enfouis légèrement, on les voit presque toujours jaunir au moment de la sécheresse, et donner à la récolte des racines bifurquées d'une mince valeur.

Labours. — C'est dans ce but, et plus particulièrement encore pour opérer le mélange du sous-sol de la terre de Moufflaye avec la couche supérieure, que j'ai fait construire une énorme charrue que le jury international, malgré son apparence d'excentricité, n'a pas hésité à honorer d'une médaille et d'un prix à l'Exposition universelle.

Et ce n'est pas seulement pour mélanger des éléments qui ont des propriétés inverses et se modifient avantageusement l'un par l'autre, mais c'est surtout pour donner à la terre blanche des plateaux une couleur plus brune et plus apte à absorber les rayons solaires, qu'il importe d'opérer ce mélange. En effet, si la couche supérieure a peu d'affinité pour la lumière, le sous-sol, au contraire, en a beaucoup ; je crois que cette affinité du sous-sol pour la lumière est due, en partie, à l'oxide de fer auquel il doit sa couleur et qui, à l'exemple du fer, est essentiellement bon conducteur du calorique. Il faut donc, à tout prix, mélanger ces deux couches, et on peut le faire sans craindre de se tromper. La preuve que cette opinion n'est point hasardée, n'est-elle pas établie par la précocité des récoltes et par la supériorité de la maturité des grains sur nos *rougières*, comparativement aux récoltes de grains obtenues sur le haut des plateaux ?

Il serait facile de labourer la terre à une profondeur de 35 centimètres avec moins de 12 bœufs ; mais je ne sais pas si l'on parviendrait à la retourner complètement, chose à laquelle je tiens beaucoup. Jusqu'à présent, je l'ai vainement essayé. J'ai toujours remarqué que plus j'enterrais profondément ma charrue, plus je devais prendre une large voie, faute de quoi la terre cessait de se retourner. Je suis par conséquent obligé de prendre en largeur une voie proportionnée à la profondeur que je veux obtenir, et partant de dépenser beaucoup de force.

A mon point de vue, l'opération du défoncement n'est parfaite qu'autant que la *révolution* de la terre remuée est complète, et que le sous-sol est ramené à l'arête supérieure du sillon, pour qu'il soit ainsi exposé à toutes les influences atmosphériques : air, pluie, neige, gelée, soleil. Là, de roche tendre, de schiste argileux, il devient terre friable, meuble, oxide terreux, poussière ; là, il abrite l'ancienne couche de terre végétale, s'imprègne des gaz qui tendent à s'en échapper, s'en sature et les tient en réserve pour l'époque de la végétation. Quand, au contraire, on néglige de ramener le sous-sol à la surface, s'il est de nature argileuse, il reste fort longtemps sans se mélanger avec le reste de la couche de terre végétale dont il détruit l'homogénéité, et dans laquelle il crée de petites excavations qui font perdre aux plantes, notamment au blé, leur point d'appui ; dans ce cas, les plantes languissent, et d'autres plantes, telles que les coquelicots et les bluets, qui s'accommodent mieux d'une telle préparation, prennent hardiment la place de la plante qui a été semée, et enlèvent au cultivateur le fruit de tout son travail. C'est ainsi, du moins, que je m'explique les déceptions qu'ont éprouvées tant de cultivateurs à la suite de labours profonds.

Hersages, Extirpateurs, Rouleaux en bois et en pierre, Rouleau Croskill-compresseur. — Lorsque ma terre a été labourée profondément, ma besogne est loin d'être finie. Le printemps étant venu, je passe et repasse l'extirpateur pour enfouir les marnes et le guano, faire disparaître les sillons, ameublir la terre, et mélanger le sous-sol avec l'ancienne terre végétale. Je me sers de rouleaux en bois de 50 centimètres de diamètre, pour refouler la terre et lui donner la consistance convenable. Lorsque ces rouleaux sont insuffisants, je me sers de rouleaux en pierre, beaucoup plus énergiques, ainsi que du rouleau Croskill, construit par Jacques Robillard, d'Arras.

Drainage. — Les terres du plateau de Moufflaye sont froides, mais non fraîches, et je n'ai point eu besoin de les drainer. J'ai bien une autre culture de cent hectares dont j'ai fait drainer les parties fraîches ; mais c'est principalement pour la terre de Moufflaye que j'ai cru pouvoir me mettre sur les rangs pour la prime régionale, et je ne donnerai de renseignements sur cette seconde culture que si le jury le désire et m'y convie.

Dégradations, Barrages. — Si cependant les terres de l'exploitation de Moufflaye paraissent n'avoir rien à demander au drainage, il est néanmoins certaines parties qui pourraient en quelque sorte en profiter, ce sont celles qui ont une inclinaison un peu rapide, et sur lesquelles il se produit des dégradations assez importantes dans la saison des orages. J'ai fait, il est vrai, pour y remédier, d'assez forts barrages dans les ravins les plus profonds ; mais le moyen est insuffisant, et j'ai l'intention de drainer ces ravins avec des drains spéciaux, ainsi que l'a fait un de mes amis ; j'espère ainsi atténuer considérablement l'effet des pluies torrentielles, et préserver, chaque année, une grande quantité de terre végétale du ravage des eaux.

Irrigations. — Les sources manquant sur le plateau, il n'y a pas lieu d'irriguer.

Arrosages, Purins. — Autrefois, j'avais dans ma cour une mare à purin dans laquelle se rendaient les urines des étables et les eaux grasses de la cour ; j'extrayais les purins avec des seaux, en faisant la chaîne comme dans un incendie, et j'en arrosais mon fumier, la veille de le charrier ; je viens de supprimer cette mare et de la remplacer par une citerne placée en dehors de la cour, dans laquelle les purins se rendent, après avoir traversé des latrines destinées aux ouvriers de la ferme, et dont les matières sont balayées par les eaux pluviales et entraînées dans la citerne. J'arroserai, au printemps prochain, avec les liquides et selon la méthode flamande, les terres les plus rapprochées de la ferme.

Semis, Bté. — La moitié de mes blés est faite sur chaume de trèfle, du 10 au 20 octobre, et l'autre moitié, après betteraves, du 25 octobre au 15 novembre. Je procède ainsi :

Après la récolte de la seconde coupe de trèfle, je déchire le chaume par trois coups d'extirpateur, puis je donne un labour de 20 centimètres avec la charrue Fondeur, de Jussy.

Lorsque la terre a reçu quelques jours de soleil, je passe le rouleau sur le fil des raies pour les rappuyer, et, après un coup de herse, le rouleau revient de nouveau ; derrière le second coup de rouleau, nouveau coup de herse en diagonale. et enfin troisième coup de herse en travers des sillons. La terre ainsi préparée, je sème le blé avec le semoir Fossier-Bouchy, de Ham, qui compte onze rayons espacés de 17 centimètres. J'emploie un hectolitre de blé sec à l'hectare.

Les blés sur betteraves sont semés à la volée, à raison de 1 hectolitre 75 de blé sec à l'hectare.

Quoique ces quantités soient exprimées en blé sec, le blé est néanmoins chaulé.

Betteraves. — Je sème mes betteraves fin d'avril et dans le commencement de mai : il est rare que je n'en sème pas quelques hectares dans le courant de juin, après trèfle incarnat. J'emploie le semoir Penin, de Douai, dont les rayons sont espacés de 50 centimètres. Je dépense ordinairement de 12 à 15 kilog. de graine.

Les binages se font à bras, avec la rasette Michu frères, de Ciry-Sermoise. Je donne de 4 à 5 façons.

Pommes de terre. — L'été dernier, j'ai fait travailler mes pommes de terre au trident recourbé en forme de rasette. Je m'en suis fort bien trouvé.

Moisson. — La moisson des fourrages se fait à la faulx, celle des blés à la faulx et à la sape ; je mets souvent mes blés en hutclottes de 10 à 12 gerbes, moyennant une dépense de 5 fr. en plus à l'hectare. Je mets les deux tiers de mes blés en meules faites à la manière du pays ; mais dans les années fraîches, je fais entrer dans ces meules une certaine quantité de fagots pour en soutirer la fermentation ; grâce à cette précaution, je n'ai jamais de blé fermenté.

Battage et machine à vapeur, hache-paille, pompe, paire de meules, concasseur, tarare. — Mes blés sont battus à la machine Duvoir, mue par une force de vapeur de 6 chevaux, établie par le même mécanicien. Nous battons de 8 à 900 gerbes en hiver et de 1,000 à 1,200 en été, au lieu de 600 gerbes en moyenne que nous battions avec les chevaux. La même machine à vapeur fait mouvoir un hache-paille de Dray et Cie, de Londres, qui coupe de 80 à 100 bottes de fourrages à l'heure ; elle fait également mouvoir une pompe à trois corps, système Duvoir, qui fournit 80 hectolitres d'eau à l'heure ; une paire de meules à l'anglaise qui sert à concasser des grains, un concasseur pour broyer le tourteau ; le tarare à vanner les grains.

Je suis très-satisfait du battage à la vapeur qui présente une économie notable et qui permet, dans des années de cherté et au moment des semences, de réaliser beaucoup plus vite.

Bois. — Les bois que j'exploite sont mauvais : on en coupe le taillis tous les sept ans.

Animaux domestiques.

Chevaux. — Depuis que je cultive la betterave, j'ai restreint le nombre de mes chevaux. Mon écurie se compose de sept chevaux de trait de races diverses : percheronne, boulonnaise et flamande, et de trois chevaux de selle, dont un de réforme, race Mecklembourg, un poney, race bretonne, et une jument normande employée au camionnage des provendes.

Mon écurie n'a rien de particulier : elle est saine et bien aérée.

Mes chevaux sont nourris aux hachis légèrement fermentés.

Ration d'un cheval :

Douze kilogrammes de fourrage haché.

Sept kilogrammes d'avoine.

Cinq litres d'eau pour humecter le fourrage et l'avoine.

Le tout est distribué en trois repas.

En estimant le fourrage à 6 fr. et l'avoine à 20 fr. le quintal, chaque cheval coûte à nourrir :

Avoine, 7 kilogrammes à 20 fr. le quintal	1 fr. 40
Fourrage, 12 kilogrammes à 6 fr. le quintal. . .	» 72
Total.	2 fr. 12

Mes chevaux sont employés comme mes bœufs, soit aux travaux de la culture, soit au transport des récoltes. Je leur fais faire de préférence les travaux qui exigent plus de vitesse que de force, tels que hersages, roulages, voyages au marché, etc. Les lourds transports et les labours profonds sont réservés aux bœufs.

Une paire de chevaux herse de 4 hectares 80 à 5 hectares par jour ; 3 chevaux, sur un rouleau de 3 mètres, roulent généralement 8 hectares de terre par journée d'été.

Bœufs. — J'emploie de 30 à 40 bœufs de travail en temps ordinaire ; mais à l'époque des couvraines et des arrachages de betteraves, pendant environ six semaines ou deux mois, j'en porte le nombre jusqu'à 72. Quatre bœufs attelés sur les tombereaux font trois voyages par jour à Vic-sur-Aisne, chargés de 2,500 kil. nets de betteraves. Six bœufs attelés sur des chariots ne font que deux voyages de 4,300 kilogrammes l'un.

Je tire ces bœufs du Nivernais où je les achète ordinairement moi-même. Ils ont en moyenne de 5 à 6 ans lorsqu'ils arrivent chez moi : ils y travaillent de 3 à 4 ans, après quoi ils sont mis à l'engrais. J'en ai entre autres une paire qui est à sa huitième année de service ; ils sont encore très-vigoureux, cependant le temps me paraît arrivé de les livrer à l'engraissement.

Ces bœufs pèsent en moyenne, à leur arrivée, 700 kil. vifs, et à leur sortie, 800 kil. deux à trois mois de repos suffisent à leur engraissement. En 1842, j'ai acheté une forte bascule pour peser ces animaux.

J'avais fait aussi construire à la même époque des coffres à fermentation pour les betteraves. Plus tard, en 1856, par suite de la substitution des pulpes à la betterave elle-même, ces coffres ont été remplacés par des fosses où l'on opère le mélange du fourrage haché, du son et des pulpes. En outre, dans toutes les bouveries, un casier spécial sert à recevoir la nourriture quotidienne de chaque attelée de bœufs. Chaque bœuf occupe, dans la bouverie, un espace de 1 mètre 26 cent. en largeur. Les mangeoires ont 80 c. de largeur sur 50 c. de profondeur.

Bœufs d'engraissement. — Outre les bœufs de travail que j'engraisse à la fin de leur service utile, j'achète aussi des bœufs uniquement pour les engraisser. Je les tire soit de la Champagne, soit de Villers-Cotterêts où ils sont revendus après avoir été employés aux transports des bois de la forêt. Il m'arrive quelquefois aussi de racheter aux fabricants de sucre de nos environs, les bœufs dont ils se défont à la fin de la fabrication.

Ces bœufs pèsent en général de 550 à 600 kil. vifs à leur arrivée et 700 au départ. Ils coûtent en moyenne 300 à 350 fr. et sont revendus de 450 à 500 fr.

Mes bœufs à l'engrais et mes bœufs de travail sont soumis au même régime, ils reçoivent, pour une journée, en trois repas différents :

Fourrage haché.	5 kil.	
Pulpe de presse.	35	
Son de blé.	2	
Sel.	»	100 gr.
Total.	42 kil. 100 gr.	

En évaluant le fourrage haché à 6 fr. le quintal, les pulpes à 1 fr. 50 et le son à 12 fr., on trouve ainsi qu'il suit le prix de la nourriture quotidienne d'un bœuf:

Cinq kil. de fourrage haché à 6 fr. le quintal.	00 fr.	30	» » c.
Trente-cinq kil. de pulpe de presse à 1 f. 50 c.	00	52	50
Deux kil. 500 gr. de son de blé à 12 fr.. . .	00	30	» »
Sel 100 gr. à 1 fr. 60 le quintal.	00	01	60
Total.	1 fr. 14	10	

J'engraisse de 60 à 70 bœufs par an ; il m'est arrivé d'aller jusqu'à 100 et au-delà. La durée de l'engraissement est de 4 à 5 mois en moyenne.

Je n'ai jamais de bœufs malades : un ou deux par an à peine, me font défaut. Il est rare que je n'aie pas le temps de les livrer à la boucherie pour un prix convenable.

Moutons à l'engrais. — J'ai en ce moment mille moutons à l'engrais, de race métis-mérinos, recrutés dans les troupeanx du Soissonnais, de la Beauce et du Laonnois. J'ai expliqué plus haut pour quelle raison j'ai renoncé à l'élève des moutons pour me livrer exclusivement à leur engraissement.

Ces mille moutons sont en grande partie établis sous une vaste halle à fourrages, longue de 47 mètres, large de 15 mètres et divisée en 12 bergeries. Cette halle est garnie de mangeoires en pierres et en planches et de rateliers en sciage de chêne. Des tuyaux en plomb fournissent de l'eau dans chaque bergerie munie d'un robinet sans clef, et d'un bac contenant 30 litres.

La nourriture, distribuée en deux rations, matin et soir, se compose par jour et par tête de :

3 kil. 300 gr.	pulpe de presse à 1 fr. 50 c.	00 fr.	04	95
» 500	fourrage haché à 6 fr. le quintal	00	03	» »
» 250	son de blé, à 12 fr. les 100 kil.	00	03	» »
» 10	sel, à 1 fr. 60 c.	00	00	16
4 kil. 060 gr.		00 fr.	11	11

Ces moutons pèsent 45 kil. poids vif, en moyenne, à leur entrée à la ferme, et 55 kil. à leur sortie ; ils coûtent 30 fr. maigres et sont revendus 40 fr. l'un, après une période de 80 à 100 jours d'engraissement.

En 1856, j'en ai engraissé 2,300 qui ont été revendus avec une plus-value, c'est-à-dire un écart du prix d'achat, au prix de vente de 17 fr. par tête. La viande et la laine étaient plus chers que cette année. Aussi, c'est une exception qu'il ne faut pas prendre pour règle. Mais je dirai que dans mes engraissements la moyenne de la plus-value n'a pas été moindre de 10 f. par tête.

Comptabilité.

Je ne puis pas dire que j'ai tenu une comptabilité en partie double, comme on la tient dans les fermes régionales relevant du Gouvernement, ou dans les grands établissements agricoles privés ; cependant le jury ne trouvera pas chez moi absence complète de comptabilité, et j'espère pouvoir le mettre à même d'apprécier les progrès que j'ai pu faire, en précisant à la fois et le point de départ et le point d'arrivée. Outre une main courante et un journal, où toutes les opérations sont rapportées, je puis produire un grand livre indiquant les quantités de blé que j'ai vendues annuellement, le nombre d'hectares que j'ai ensemencés en betteraves et l'argent que j'en ai fait, l'état annuel des bœufs et des moutons que j'ai engraissés, et pour ces derniers surtout, la plus-value que j'ai réalisée. Si je n'ai pas fait tous les ans un inventaire régulier, je puis dire que j'ai fait bien souvent ce que j'appelle des inventaires d'aperçu, des projets d'assolement, des plans d'engraissement, et que je n'ai jamais négligé de me rendre compte de la situation de mon entreprise.

Je produirai l'acte de la cession qui m'a été faite de la ferme de Moufflaye en 1835, et, à côté de cet acte, je placerai l'inventaire que je viens de faire au 31 décembre dernier ; on verra avec quel capital j'ai commencé, et en réfléchissant à la faiblesse des voies et moyens dont je pouvais disposer, on trouvera que si j'ai obtenu quelques résultats, ce n'est pas sans avoir surmonté de réelles et sérieuses difficultés.

Je termine en priant MM. les membres du jury de porter spécialement leur attention :

1° Sur la profondeur de mes labours ;

2° Sur ma culture de betteraves ;

3° Sur celles de blé dont la betterave n'a pas diminué la production ;

4° Sur la nourriture de tout mon bétail ;

5° Sur les appareils que j'ai montés pour préparer cette nourriture et pour battre mes grains ;

6° Sur la quantité toujours croissante de mes engraissements de bœufs et de moutons.

Moufflaye, le 28 février 1858.   **VALLERAND.**

Lettre de M. Vallerand à M. le Préfet de l'Aisne.

Moufflaye, le 15 mars 1858.

Monsieur le Préfet,

En vous transmettant il y a quelques jours, mon mémoire pour concourir en 1859 à la prime régionale d'améliorations agricoles, je regrettais que le délai de rigueur ne me laissât pas le temps de le compléter, et j'avais l'honneur de vous dire que j'essaierais de combler cette lacune, en vous priant de mettre de nouveaux renseignements sous les yeux de MM.. les membres du jury. C'est ce que je vous demande la permission de faire aujourd'hui : mon mémoire est l'image du présent, cette lettre sera comme le rappel du passé. Il me semble en effet, M. le Préfet, qu'une agriculture qui a commencé avec de modestes capitaux, ne doit pas seulement être jugée sur ce qu'elle est actuellement, mais sur ce qu'elle a été dans les débuts et sur les difficultés avec lesquelles elle s'est trouvée aux prises. C'est donc ma vie agricole tout entière dont je vais essayer de tracer l'historique.

En 1835, j'entrai dans la ferme de Moufflaye ; je venais de

me marier : j'avais 21 ans, ma femme en avait 19 ; sa dot et la mienne réunies formaient un capital de 40,000 fr. La cession de Moufflaye s'était élevée à 55,000 fr. Nous redevions par conséquent 15,000 fr. Tel fut notre commencement : il n'était pas brillant ; mais nous avions la jeunesse et la foi : la jeunesse qui espère, la foi qui guide, le désir de bien faire et la légitime ambition d'améliorer honorablement notre position. Je compris tout d'abord que la faiblesse de nos ressources commandait la prudence et que les innovations ne devaient venir qu'avec le temps et l'expérience.

J'avais reçu de mon prédécesseur un troupeau de 800 bêtes, dont 200 agneaux, suivant une estimation de 11,000 fr. Ce troupeau laissait beaucoup à désirer : cependant je ne jugeai pas à propos de le changer je crus qu'en le nourrissant bien ; et en y introduisant de bons béliers, j'en tirerais parti. C'est ce que fis. Pour le tenir en bon état, pour l'améliorer, j'allai jusqu'à la prodigalité ; je sacrifiai tout au troupeau, autant par goût que par calcul, autant par passion que par intérêt.

La ferme manquait de luzerne : j'en fis une grande quantité sur les terres que je trouvai les mieux disposées. Dès 1836, j'employai jusqu'à 400 kilog. de cette graine. En attendant que les luzernes fussent en plein rapport, j'ensemençai une forte partie de terres en menus grains : jarros, hivernaches, vesces et bizailles, seiglures de couvraines ; je ne tirai point mes semences sur ces menus grains que je livrai intacts à mes moutons ; je fis en outre consommer toutes mes avoines dont j'avais augmenté la sole en réduisant celle des blés ; mais celle-ci étant mieux fumée, je ne tardai pas à récolter, sur une moindre étendue, plus de froment qu'autrefois ; je fis de la jachère et, par prudence, je m'en rendis esclave.

Les plantes sarclées, ainsi que les engrais de commerce, m'étaient inconnus ; mais je ne négligeai rien pour me procurer du fumier. Pour en avoir, je traitai avec les bourgeois, avec les aubergistes, avec les bouchers de Vic-sur-Aisne, soit à tête de cheval, soit autrement ; je vendais de la paille à 10 fr. les 100 bottes, en me réservant l'engrais pour rien. Vingt-cinq chevaux furent employés à construire un barrage sur la rivière ; je fis de suite des offres, et je réussis à en avoir le fumier ; partout enfin où il y avait du fumier, je me présentais pour l'acheter.

Avec le développement de mes luzernes, je me vis muni d'une grande quantité de fourrages. Au bout de cinq à six ans, je commençai à défricher celles qui dépérissaient. Je récoltai des avoines très-abondantes ; derrière ces avoines, je plantai des pommes de terre qui me donnèrent de pleines récoltes. Je fis monter un fourneau économique pour les faire cuire à la vapeur ; je les mélangeai aux menues pailles de blé, au son et à l'avoine. Je commençai à engraisser des moutons et je fis construire la bergerie dont j'ai parlé dans mon mémoire, car mon bétail était devenu insuffisant pour consommer toutes les nourritures dont je disposais.

En 1842, une féculerie s'établit à Vic-sur-Aisne ; je m'empresse de lui vendre mes pommes de terre, mais à la condition qu'elle me vendra toutes ses pulpes, quelle qu'en soit l'origine. Ces pulpes remplacent et au-delà les pommes de terre que je vends. J'achète alors quatre bœufs pour en faire les transports, et, ces transports terminés, je les engraisse ; j'engraisse aussi d'autres bœufs et des vaches ; j'obtiens un beau bénéfice et je ne rêve plus qu'engraissement.

Cependant je ne veux pas renoncer à l'élevage ; mais je songe à une race plus apte à la production de la viande qu'à celle de la laine. Un des mes voisins, M. Victor Labarre, avait introduit dans son troupeau un Dishley pur sang. Les produits qui en résultèrent avaient de très-belles formes, mais la toison était sacrifiée. Dans une douzaine de jeunes béliers qu'il avait élevés, deux ou trois seulement, en conservant la carrure du Dishley, avaient gardé la laine du mérinos. C'étaient d'heureuses exceptions ; je les retins pour ma lutte, moyennant un prix assez élevé. Au bout de quatre ans, j'avais un troupeau croisé magnifique.

Quoique ces moutons fussent plus précoces, plus faciles à nourrir et à vendre, je trouvais qu'à moins de produire des reproducteurs, mon métier d'éleveur ne valait pas mon métier d'engraisseur. J'essayai de faire des béliers, je les vendis à nos meilleurs cultivateurs. Leurs troupeaux y gagnèrent en forme et en aptitude à l'engraissement. Les effets de ce croisement se font sentir encore aujourd'hui ; mais malheureusement la toison perdit peu à peu de son tassé et de sa régularité.

Malgré tout, j'étais bien convaincu que j'avais plus d'avantage à engraisser qu'à élever, à produire de la chair que de la laine ; je résolus donc de me livrer à l'engraissement sur une grande échelle. Mon marché de pulpes de pommes de terre, que j'avais eu depuis quatre ans, venait d'expirer en 1846 ; je fis pour le remplacer six hectares de carottes et quelques hectares de betteraves. J'avais renoncé, non sans regret, à la pomme de terre à cause de la maladie. Mes carottes semées sur luzerne défrichée me donnèrent des récoltes extraordinaires ; malheureusement, comme elles ne se conservaient pas bien, j'y renonçai et les remplaçai par des betteraves.

Ce fut alors, M. le Préfet, que la betterave, la plus précieuse de toutes les plantes, commença à devenir le pivot de mes assolements. Avant toutefois de me livrer en grand à la consommation de cette racine, je fis une expérience sur cinq moutons qui en furent nourris exclusivement et sans préparation aucune. Au début de leur engraissement, ces cinq moutons pesaient 50 kilos l'un. Pesés de nouveau au bout de 90 jours, leur poids s'élevait à 63 kil. ; ils étaient fin gras et de première qualité.

J'en conclus qu'on pouvait sans inconvénient faire consommer de la betterave en très-grande quantité.

Je fis disposer un bâtiment de 20 mètres de longueur sur 7 de largeur, dans lequel j'établis un silo. J'y installai un manège mu par un cheval. Ce manège mettait en mouvement un cylindre pour nettoyer la betterave, un coupe-racines, un hache-paille, un blutoir et une pompe. J'ai fait remplacer ce manège, il y a deux ans, par une machine à vapeur qui fait mouvoir tout ce mécanisme, ainsi que ma machine à battre.

De 1847 à 1852, je continuai avec succès mes engraissements à la betterave. J'en fis consommer 38 hectares la deuxième année. J'engraissai plusieurs centaines de moutons et une quantité assez considérable de bœufs et de vaches.

Mes étables étant devenues insuffisantes, je fis établir des mangeoires dans la cour, sous un appentis où les bœufs prenaient leur nourriture. J'avais de cette manière économie de bâtiments, de litières et de main-d'œuvre. Ces bœufs s'engraissaient parfaitement et leur viande était fort estimée par la boucherie. Le Comice agricole de Soissons me décerna la prime du ministère, pour la fabrication des fumiers.

Mais de nouvelles circonstances devaient amener de nouveaux changements. Je touche, M. le Préfet, à la dernière période, à la période actuelle de ma culture, et je crois pouvoir dire que j'ai toujours su autant qu'il était en moi, utiliser les circonstances à mon profit, sans avoir jamais cherché à les faire naître.

En 1852, une fabrique de sucre de betteraves s'établit à Boneuil. Je passai un marché avec elle, et j'appelle sur ce marché et sur ses conséquences votre attention, ainsi que celle de MM. les Membres du jury. Je vendis à cette sucrerie pour six ou neuf années, à ma volonté, les récoltes annuelles de 30 hectares au moins de betteraves, rendues au port de Vic-sur-Aisne au prix de 16 fr. les 1,000 kil. Je retins au prix de 8 fr. les 1,000 kil. 300,000 kil. de pulpes, qui représentent à peu près le cinquième du poids des betteraves, proportion généralement accordée par les fabricants de sucre. De plus, je demandai et j'obtins l'allocation annuelle et gratuite de cinq cents autres mille kilos de pulpe. Ainsi, pour 30 hectares de betteraves, j'avais 800,000 kil de pulpe. C'était, pour la nouvelle période dans laquelle j'entrais, un point de départ des plus avantageux et dont les utiles résultats seront appréciés, je n'en doute pas, par MM. les jurés.

Ma culture entra dès lors dans une voie complètement industrielle. Je dus cesser l'élevage et donner une extension considérable à mes engraissements, ayant la pulpe pour base, avec mélange de son et de fourrage. J'augmentai dans la ferme la production de mes engrais; mais pour rehausser encore la richesse de ma terre, j'achetai les fumiers de cavalerie de la caserne de Compiègne, des tourteaux de faîne et de colza comme engrais. Je commençai aussi à semer du guano dans des proportions formidables.

J'avais essayé à mon entrée à Moufflaye le défoncement à la bêche sur 50 ares, et plus tard, en 1840, un autre défoncement à l'aide de deux charrues, l'une derrière l'autre, sur cinq hectares de terre. Ces deux expériences m'avaient réussi; mais les moyens d'action appelaient nécessairement une réforme. J'étais mal outillé, et je rêvais une bonne charrue. J'avais vainement essayé d'en faire établir une, en vue de ces défoncements, par le constructeur qui me fournissait mes charrues à double corps. Je le fis venir chez moi, je lui exposai que, voulant me livrer en grand à la culture de la betterave, j'avais besoin d'une charrue propre à labourer profondément. Je lui expliquai mon idée; mais il eut de la peine à la comprendre, sans doute à cause de son énormité. Enfin il me fit la charpente d'une charrue d'après mon plan, et me laissa le soin de faire les versoirs Cette charrue me donna un résultat satisfaisant.

L'année suivante, j'en fis faire une plus grande encore, et enfin, en 1856, je fis construire celle qui a été primée à l'Exposition universelle et dont les versoirs ont été découpés et tournés à ma forge sous ma direction. Avec cette charrue, je laboure la terre, en la retournant exactement, à 35 centimètres de profondeur. Je pourrais même aller jusqu'à 45 cent. et la retourner également.

Le rendement de mes blés, loin d'en avoir souffert, a au contraire augmenté, et au lieu de 16 à 18 hectolitres par hectare que je récoltais précédemment, j'arrive aisément aujourd'hui à 26, quoique j'aie radicalement supprimé la jachère. Ma terre pousse maintenant fort peu de mauvaises herbes, je puis semer mes blés plus clair; il pousse de plus grosses tiges, de plus longs épis qu'autrefois, et qui résistent mieux aux grandes pluies.

Les betteraves que j'ai récoltées cette année, en place de la jachère, m'ont donné sur 85 hectares un produit de 4,250,000 kil. La réduction pour déchet de terre a été de 10 °/₀ et le rendement net de 3,825 kil.

Ce qui établit une moyenne de quarante-cinq mille kil. par hectare. Toutes celles dont je disposais les années précédentes, en sus des trente hectares dûs à la sucrerie de Boneuil, ont été vendus à MM. Petit, Santerre, Labarre et Lalouette, au prix invariable de 1,000 fr. l'hectare.

J'ai fait des colzas pendant plusieurs années; mais j'ai assez mal réussi. la gelée les a détruits plusieurs fois et j'y ai renoncé.

Je me suis restreint aux plantes de mon assolement de cinq ans, savoir : betteraves répétées deux fois de suite, blé, trèfle, blé. Aucune de ces plantes ne m'a fait défaut, la production va toujours en augmentant et mon sol s'enrichit de plus en plus.

Mes dépenses sont énormes, je le sais; mais les recettes sont trois fois plus considérables que dans les premières années de mon établissement, et, somme toute, malgré l'augmentation de mes redevances, malgré l'accroissement de mes frais de culture, les bénéfices que je fais aujourd'hui sont de beaucoup supérieurs à ceux que je faisais dans le début de ma carrière.

Pour résumer ce qui précède, permettez-moi M le Préfet, de dresser en quelque sorte la table des matières de mon existence de cultivateur divisée en quatre périodes.

Première période de 1835 à 1841. Cultures fourragères, tâtonnements, mais timides, prudence, amélioration du troupeau de mon prédécesseur, ensemencement de luzerne et de touté espèce de fourrages, jachère, engrais, pommes de terre après luzerne, commencement d'engraissement.

Deuxième période de 1842 à 1846. Culture mixte d'élevage et d'engraissement, féculerie de Vic-sur-Aisne, vente de pommes de terre, rachat de toutes les pulpes, continuation d'engraissement, recherche d'une race plus propre à la production de la viande qu'à celle de la laine.

Troisième période de 1847 à 1851. Cultures de racines employées directement à l'engraissement, carottes, betteraves, expériences sur cinq moutons engraissés à la betterave, 38 hectares de betteraves employés en une seule année à des engraissements de bœufs et de moutons, organisation des appareils, augmentation des bâtiments, accroissement du bétail.

Quatrième période de 1852 à 1857. Culture industrielle et intensive, sucrerie de Boneuil, marché avec cette sucrerie, engraissement à la pulpe de betteraves, préférence exclusive donnée à l'engraissement, substitution de la machine à vapeur au manège à cheval, fumier de cavalerie, guano. Défonceurs Vallerand, assolement de cinq ans, rendement du blé, rendement des betteraves, recettes et dépenses, bénéfice.

Tels sont, M. le Préfet, les moyens que j'ai mis en œuvre pour faire valoir la terre de Moufflaye; tels sont les résultats que j'ai obtenus. En d'autres mains ces moyens et ces résultats eussent pu être différents; avec plus d'argent et plus d'expérience à l'origine, un autre eût fait plus vite et mieux; en tous cas, j'ai mis dans cette entreprise tout ce que j'avais dans le cœur de courage et de volonté, et j'ai été vaillamment secondé par ma femme, non-seulement dans les soins du ménage, mais aussi, en mon absence, dans la surveillance et la disposition de tous les travaux. Il est juste que je lui attribue la part de coopération active et intelligente qui lui appartient dans la réussite de nos communes affaires.

Ainsi, en 1835, nous prenons la ferme de Moufflaye pour 55,000 fr. de cession, et comme nous n'avions que 40,000 fr., nous restons débiteurs de 15,000 fr. Aujourd'hui, je produis cet état de cession de 1835, et je place à côté mon inventaire arrêté à la date du 31 décembre dernier. A la ferme de Moufflaye, j'ai ajouté celle de Rivière. Tous les capitaux d'exploitation de ces deux fermes sont à moi, et pour mettre le jury à même de tout apprécier, je suis prêt à lui faire la confidence de ce que je puis posséder en dehors de ces fermes. J'ose dire qu'il lui sera facile de considérer ma culture dans ce qu'elle a été, dans ce qu'elle est, et j'ajoute, aujourd'hui que je marche avec des capitaux acquis et un fonds d'expérience amassé avec le temps, dans ce qu'elle peut être par la suite. Oui, Monsieur le Préfet, des hommes de savoir et de pratique comme MM. les Membres du jury ne doivent éprouver aucune difficulté pour juger une agriculture quelconque dans les trois termes du temps : le passé, le présent, l'avenir.

Veuillez agréer, M. le Préfet, l'expression de la haute considération avec laquelle j'ai l'honneur d'être votre très-humble et très-obéissant serviteur.

VALLERAND.

Mémoire de M. LEDUC-TESTART,

Cultivateur à Beaurevoir, canton du Câtelet.

Première question. — Le sol des terroirs de Beaurevoir et Gouy, où sont situées les terres de mon exploitation, est légèrement accidenté entre les fermes de Guizancourt, l'Ormisset et la tour de Beaurevoir; les côteaux ont une inclinaison plus rapide qui expose le sol à se détériorer.

Le sol y est de nature variée; la couche arable est principalement composée de ce qu'on appelle rougeron dans le pays; l'argile, le sable, le calcaire s'y trouvent toujours mélangés en proportions qui varient selon les lieux. Les terrains que nous appelons rougerons forment les quatre cinquièmes de l'ensemble, les terrains calcaires et les vallées le surplus.

Il n'y a pas d'eaux, ni de marais dans le pays. Le sol y est généralement élevé et sec.

2ᵉ question. — Les produits en grains sont expédiés aux marchés de Cambrai et de Saint-Quentin, qui se trouvent à égale distance de Beaurevoir (25 kilomètres). La route vicinale n° 70 traverse le terroir; les routes vicinales nᵒˢ 25 et 26 le touchent par les extrémités. Le canal le plus rapproché est celui de Saint-Quentin, qui est à sept kilomètres. — Les betteraves sont livrées aux fabriques de Guizancourt et de Ponchaux, commune de Beaurevoir, qui se trouvent situées à deux kilomètres en moyenne, les bestiaux, pour la plus grande partie, aux marchés de Sceaux et de Poissy.

3ᵉ question. — La main d'œuvre ne fait jamais défaut; la journée d'homme est en hiver de 1 fr. 75 centimes; en été de 2 fr. à 2 fr. 50 centimes. La journée de femme, 1 franc en moyenne.

Les domestiques à gages sont nourris et payés en argent suivant mérite; ils gagnent de vingt-quatre à vingt-huit francs par mois.

La plupart des travaux se font à la tâche; les grains se coupent à la sape ou à la faulx, moyennant quinze francs à l'hectare. Le liage coûte quatre francs cinquante centimes; les foins des prairies artificielles coûtent pour coupage et fenaison seize francs. Les moissonneurs gagnent environ 2 fr. 75 c. par jour, à la tâche.

Les sarclages de toute espèce de récolte et l'arrachage des racines se font à la tâche; les femmes y gagnent en moyenne un franc quarante centimes, et les hommes deux francs au minimum.

4º QUESTION. — La production consiste principalement en froment, seigle, orge, avoine, colza, œillettes, betteraves, vesces d'hiver et d'été, trèfle incarnat, rouge et blanc; on se livre à l'élevage et à l'engraissement des bêtes bovines et ovines.

5º QUESTION. — L'ensemble de mon exploitation actuelle est de deux cent cinquante hectares; mon exploitation première ne comprenait que cent deux hectares; j'y ai ajouté, depuis trois ans, le domaine de Bellevue qui comprend cent quarante-huit hectares, provenant de bois défrichés depuis dix-huit ans.

Les pièces de terre ne sont pas closes; elles sont peu morcellées, les plus petites sont de un tiers d'hectare, la plupart de plusieurs hectares, et il y en a une de cent soixante-six hectares.

La vaine pâture est en usage dans le pays; mais comme il ne reste pas d'herbe dans les récoltes en général, elle ne donne qu'un avantage à peu près nul.

6º QUESTION. — L'importance du capital employé sur le domaine est de 800 fr. par hectare. Je ne comprends pas dans ce chiffre les engrais en terre.

Beaucoup de domaines du pays n'ont qu'un capital engagé de 500 fr. par hectare.

Toutes les terres du domaine sont soumises au même mode de culture.

7º QUESTION. — J'ai fait construire toute la ferme de Beaurevoir et créé tout ce qui manquait en étables et en granges.

8º QUESTION. — Les chevaux sont harnachés avec le collier ordinaire; les véhicules sont le chariot à quatre roues et le tombereau.

9º QUESTION. — L'assolement est libre, afin de pouvoir, selon les circonstances, faire en plus ou en moins grande quantité ce qui se demande le mieux.

Voici les formules variées de mes combinaisons d'assolement :

Fumier d'hiver. — Betteraves.	Fumier d'été. — Colza.
2ᵉ année. — Blé.	2ᵉ année. — Blé.
3ᵉ année. — Trèfle.	3ᵉ année. — Avoine ou Seigle.
4ᵉ année. — Blé.	4ᵉ année. — Pâture de Trèfle bl.
5ᵉ année. — Betteraves.	5ᵉ année. — Fumier ou parcage, Colza.
6ᵉ année. — Blé.	
7ᵉ année. — Hivernache.	
8ᵉ année. — Fumier ou parcage, Colza.	
9ᵉ année. — Blé.	

Fumier d'hiver. — Betteraves ou Œillettes.	Fumier d'été. — Colza.
2ᵉ année. — Blé.	2ᵉ année. — Blé.
3ᵉ année. — Betteraves.	3ᵉ année. — Hivernache.
4ᵉ année. — Blé.	4ᵉ année. — Parcage, Betteraves.
5ᵉ année. — Hivernache.	5ᵉ année. — Blé.
6ᵉ année. — Parcage ou Fumier, Colza.	6ᵉ année. — Fumier, Betteraves.
	7ᵉ année. — Blé.
	8ᵉ année. — Trèfle.
	9ᵉ année. — Betteraves.

L'assolement ordinaire comprend en moyenne :

En Blé 35 p. %............	35	
Seigle 3 p. %..............	3	
Avoine 7 à 8 p. %..........	8	
Trèfle ordinaire 10 p. %......	10	
Colza 7 p. %..............	7	100
Trèfle blanc 7 p. %........	7	
Œillettes 2 p. %...........	2	
Hivernache 8 p. %..........	8	
Betteraves 20 p. %.........	20	

10e QUESTION. — Toutes les terres que j'exploite, à l'exception des marnettes (trois à quatre hectares), ont été marnées ; dans les terres anciennement en labour, j'ai mis soixante-quinze mètres cubes à l'hectare ; dans les terrains défrichés, cent cinquante mètres cubes à l'hectare. J'ai aussi employé la chaux, mais elle coûte trop cher ; la marne me revient à soixante-quinze centimes le mètre cube et son effet dure une vingtaine d'années. J'ai re-marné quelques parties de terre qui l'avaient été il y a environ quinze ans. Je parque environ trente hectares par année, à un mètre et quart carré par jour par chaque mouton.

11e, 12e QUESTIONS, néantes.

13e QUESTION. — Je laboure avec le brabant simple en fer, coûtant environ soixante-cinq francs ; j'en ai dix. J'emploie pour enfouir mes fumiers, et pour les pentes difficiles, trois char-rues doubles en fer, coûtant deux cent trente francs l'une.

Les instruments exigent trois chevaux pour les conduire ; je fais les labours superficiels avec le binot traîné par deux che-vaux, et le déchaumage avec les extirpateurs traînés par quatre chevaux.

14e QUESTION. — Je laboure à plat pour les colzas, betteraves, avoines, de vingt-quatre à trente centimètres de profondeur, moins avant pour les blés.

Je ne laboure qu'une fois, pour chaque récolte, avec le bra-bant ; je donne après un ou plusieurs labours superficiels, selon que les terres le demandent.

15e QUESTION. — J'emploie les herses à dents de fer pour di-viser les fumiers, et celles à dents de bois, deux rouleaux en marbre, un rouleau de bois revêtu de fer, un rouleau hérisson pour émiéter les terres dures, un rouleau Croskill, six scarifi-cateurs, et j'essaie la houe à cheval.

16e QUESTION. — Je sème à la main et au semoir ; je préfère semer en ligne quand le temps le permet ; j'ai soixante-quinze hectares de blé en ligne cette année. Je chaule avec le sel et la chaux, tantôt en lavant, tantôt sans laver. — En ligne, je mets cent cinquante litres de froment à l'hectare, deux cents litres d'avoine. A la volée, deux cent vingt-cinq litres de froment, trois cents litres d'avoine. Je sème le blé depuis le cinq octobre jusqu'au dix novembre.

17ᵉ QUESTION, néante.

18ᵉ QUESTION. — Je sarcle toutes les récoltes en ligne, céréales ou autres à la rasette; cette opération me coûte dix francs pour une fois par hectare de céréales. J'essaie la houe à cheval dans les betteraves.

19ᵉ QUESTION. — La moisson se fait à la faulx pour les prairies artificielles et une partie des céréales, à la sape pour le reste et toujours à la tâche.

20ᵉ QUESTION. — La fenaison se fait à la tâche, comme le fauchage; les deux opérations coûtent quinze francs à l'hectare.

21ᵉ QUESTION. — Je mets en meules l'avoine et l'hivernache ou vesces d'hiver; tous mes blés et seigles sont remisés en granges; le battage se fait à la machine mue par deux bœufs et me coûte 55 à 60 centimes à l'hectolitre.

Les grains sont nettoyés au tarare à boudin; j'emploie aussi le trieur Pernollet.

22ᵉ QUESTION. — J'ai abandonné la culture des fourrages en grains, fèves, vesces d'été pour mes moutons; je ne fais plus que l'hivernache pour mes chevaux. J'ai trouvé que les résidus de betteraves et le tourteau de graines oléagineuses constituaient, pour l'espèce ovine, une nourriture plus avantageuse et donnaient de bien meilleurs fumiers.

Les fumiers provenant de fourrages en grains sont trop pailleux, trop secs, toujours disposés à blanchir et rendent les terres creuses.

23ᵉ, 24ᵉ, 25ᵉ, 26ᵉ, 27ᵉ et 28ᵉ QUESTIONS, néantes.

29ᵉ QUESTION. — *Animaux domestiques.* — Mes chevaux sont de races Percheronne, Belge et Ardennaise. J'en ai trente-huit.

30ᵉ QUESTION. — J'achète mes chevaux aux foires de Valenciennes et de Cambrai.

31ᵉ QUESTION. — Mes chevaux travaillent toujours, sont nourris de même en tout temps. Ils ont par jour dix litres d'avoine, quinze kilos d'hivernache en bottes, quatre kilos de trèfle et de la paille battue à volonté. Cette nourriture est donnée en trois repas.

La dépense journalière d'un cheval est chez moi de un franc quarante centimes pour nourriture.

32ᵉ QUESTION. — Mes chevaux font toute ma besogne et travaillent onze à douze heures par jour en été, neuf à dix heures en hiver.

33ᵉ et 34ᵉ QUESTIONS, néantes.

35ᵉ QUESTION. — J'ai douze vaches, un taureau, quatre génisses de race flamande; j'ai des vaches surtout pour fournir le lait nécessaire à la ferme. Elles sont nourries de racines, courte-paille, trèfle, et de breuvages chauds après la vêlaison.

J'ai six bœufs de trait employés à la batterie et à diverses besognes; ils sont ferrés et attelés au collier.

36ᵉ QUESTION. — Ne faisant du lait et du beurre que pour l'usage de la maison, je n'ai pas cherché à me rendre compte du prix de revient de ces produits.

37ᵉ QUESTION. — J'engraisse mes vieilles vaches que je remplace par des génisses; je les engraisse avec la pulpe et le tourteau. Mes vaches sont constamment nourries à l'étable.

38ᵉ QUESTION. — Depuis plusieurs années, j'ai habituellement de douze à seize cents moutons que je livre en partie à l'engraissement.

Je préfère la race mérinos. J'achète les moutons de trois à quatre ans dans le pays, je les engraisse avec pulpes et tourteaux et les remplace aussitôt que vendus.

Les moutons étant la machine à fumier que je préfère (à raison des circonstances où je me trouve) et la base de mon système de culture, je vais entrer dans quelques développements.

Au début, j'ai commencé par l'élevage. J'exploitais quatre-vingt-dix hectares de terre; j'avais ordinairement cent cinquante brebis, cent vingt agneaux, cinquante bêtes d'un an.

La brebis me coûtait :

1° Par chaque jour pendant cinq mois d'hiver.	Une botte de fèves pour dix bêtes, à 30 c. la botte, soit par tête.	0ᶠʳ 03ᶜ
	Une botte de vesces pour dix bêtes, à 25 cent. la botte, soit par tête.	0 02 1/2
	Carottes, son ou trèfle pendant l'allaitement.	0 01 1/2
	Paille, pour mémoire.	» »» »»
	En tout.	0ᶠʳ 07ᶜ »»

En cent cinquante jours à 7 c. par jour. 10ᶠʳ 50

2° Pendant mai, juin, deux mois de nourriture au vert, soixante jours à cinq centimes par jour, trois francs, ci. . . . . 3 »»

3° Cinq mois de vaine pâture, néant . . . . » »»

4° Frais généraux..	Intérêt de sa valeur..	1ᶠʳ 25	
	Logement, mobilier..	» 60	4 50
	Pertes, 6 p. %	» 15	
	Soins, garde, tonte.	2 50	

La brebis me coûtait par an dix-huit francs, ci. . . 18ᶠʳ »»

L'agneau me coûtait :

Le premier mois, néant.

Trois mois suivants, nourriture choisie, fèves, avoine, son, carottes, huit centimes par jour, soit pour quatre-vingt-dix jours.. . . . . 7ᶠʳ 20

Trois mois suivants, moitié au vert, moitié au grain, six centimes par jour, soit cinq francs quarante centimes, ci. 5 40

Cinq mois de vaine pâture, néant. . . . . » »»

Frais généraux, un peu moins que la brebis . . . 4 »»

Total. 16 60

La bête d'un an me coûtait :

Cent cinquante jours d'hiver à 0 fr. 05 c.	7	50
Soixante jours de vert à 0 fr. 05 c.	3	»
Vaine pâture, néant.	»	»
Frais généraux.	4	»
Total.	14	50

Dépense totale.
- 150 Brebis . . . . 2,700 fr.
- 120 Agneaux. 1,992
- 50 Antenaises. 725

En tout. . . . . . 5,417 fr.

Le produit de ce troupeau était :

En laines.
- Brebis, 4 kilos de laine, cent cinquante, six cents kilos, ci . . . . . 600 k. » »
- Agneaux. 800 gram., 120, 96 » »
- Bêtes d'un an, 5 k. 500 gr. 50. . . . . 275 » »

971 k. à 2 f. 1,942 fr.

En bêtes vendues . .
- Trente-cinq brebis vieilles, à 16 francs l'une. . . . . 630ᶠʳ » »
- 50 agneaux mâles, à 23 f. 1,150 » »
- 15 bêtes diverses, à 25 f. 375 » »

2,455

En tout. . . . . . 4,097 fr.

Balance.

Produit. . . . . 4,097 fr.
Dépenses 5,417
Perte. . . . . . 1,320 fr.

Dans ces calculs, je laisse de côté le fumier.

Ainsi, non-seulement le troupeau me constituait une perte, mais il me donnait avec les nourritures en fèves, vesces, trèfle, etc., etc., un fumier pailleux, volumineux, peu riche et disposé à blanchir.

Pour me procurer des fumiers plus riches, et dans l'espoir de les faire à meilleur marché, j'ai abandonné l'élevage pour me livrer à l'engraissement.

J'engraisse avec les pulpes de betteraves et le tourteau de lin et d'œillettes ; le mouton mange trois à quatre kilos de pulpe par jour, à 14 fr. les mille kilog. soit 0ᶠʳ 05ᶜ 1/4
Et un quart de tourteau par jour, soit. 0 05 1/4
Frais généraux et imprévus. 0 01 1/2

Total par jour. . . . . 0 12 » »

Mes moutons étant triés et vendus par lots, à mesure qu'ils sont gras, et étant aussitôt remplacés, je ne puis pas présenter de compte isolé. Je ne puis faire qu'une balance en fin de campagne. La balance de leur compte est d'autant plus facile à établir que j'achète tous leurs vivres (pulpes et tourteaux) et que les entrées et sorties sont toujours certifiées.

Il résulte de mes balances de compte de moutons, qu'en 1854, de janvier au 21 juillet suivant, j'ai acheté deux mille trois cent cinquante-quatre moutons qui ont été engraissés et nourris en pâture et m'ont produit un bénéfice net de. . . .   4,535fr »»

Qu'à partir de juillet 1854 jusqu'au 27 mars 1855, j'ai engraissé quinze cent quarante moutons qui m'ont laissé une perte de. 1,750fr

Qu'à partir de fin mars 1855, j'ai acheté mille cinquante moutons, qui m'ont donné un bénéfice net de quinze cents francs après les avoir conservés jusqu'à la fin des parcages (novemb.).   1,500 »»

Qu'à partir de fin novembre 1855, j'ai engraissé quinze cent cinquante moutons jusqu'au 27 mars 1856, qui m'ont laissé une perte de trois mille soixante-cinq francs, ci.   3,065

Qu'à partir du 27 mars 1856 jusqu'au 20 avril suivant, j'ai acheté douze cent quarante jeunes moutons de quatre dents qui ont été nourris avec de la pulpe jusqu'au pâturage et ensuite avec le pâturage en trèfle blanc et trèfle ordinaire de seconde coupe, jusqu'au 4 août de la même année, époque à laquelle je les ai vendus. Ces moutons m'ont donné un profit net de cinq mille six cent cinquante francs. . . . .   5,650 »»

J'ai racheté immédiatement douze cents moutons, dont neuf cent cinquante ont été vendus fin novembre 1856 ; le surplus a été engraissé. J'ai acheté successivement dix-neuf cent quatre-vingt-cinq moutons, dont une grande partie ont été engraissés jusqu'au mois de juillet 1857. Le tout m'a donné un profit net de. . . . . .   2,190 »»

J'ai acheté de nouveau des moutons; au 25 février 1858; j'en avais vendu 1,927, il me restait à cette même époque 1,747 moutons qui étaient tous livrés à l'engraissement

Bénéfice.		13,875 »»
Perte.	4,815fr	4,815 »»
Profit en 3 ans.		9,060 »»

Il passe ainsi trois à quatre mille moutons par an dans mes étables. Cette année, il en passera au moins cinq mille.

J'achète par an, depuis trois ans principalement, sept à huit cent mille kilogrammes de pulpe. (Cette année j'en ai acheté un million cinq cent mille). J'ai employé depuis trois ans quarante à cinquante mille kilogrammes de tourteaux ; cette année-ci, j'en emploierai plus de quatre-vingt mille.

Les pulpes et tourteaux me donnent des fumiers gras, onctueux, d'une richesse incomparable.

Depuis trois ans, j'obtiens en moyenne dix-huit cents voitures de fumier, pesant 2,500 kilos net chaque voiture ; ce qui fait que je porte soixante-quinze mille kilogrammes de fumier par hectare, soit trente voitures.

Par le système précédent, je faisais moins de fumier et qui représentait à peine la moitié en poids par hectare.

Le système actuel m'a amené à faire beaucoup de betteraves que je vends aux fabriques de sucre et dont je reprends les pulpes. J'achète en outre toutes les pulpes que je puis me procurer, même à plusieurs lieues (6 lieues).

Mon ancien système d'élevage m'obligeait à ensemencer une forte partie de mon exploitation en fèves, vesces, trèfle et autres récoltes qui s'absorbaient sans laisser de produit réel ; dans l'état présent de ma culture, il me faudrait au moins soixante-dix hectares de terre empouillée ainsi pour nourrir mon troupeau de seize cents moutons et pour le nourrir sans l'engraisser.

Ces soixante-dix hectares, au contraire, portent des betteraves qui me donnent un produit commercial qui, depuis plusieurs années, est de sept cent cinquante francs en moyenne par hectare, et me laissent en pulpes une masse de nourriture d'un poids égal à celui de la récolte des vesces ou fèves d'une même surface et d'une qualité qui n'est pas moindre.

Par exemple, un hectare de betteraves qui me donne facilement trente-six mille kilogrammes, me laisse en pulpes un poids de 7,200 kilos au minimum ; ces pulpes sont payées 12 f. les 1,000 kilos, je les porte à 13 francs avec les frais, soit 13 fr. 60 cent. L'hectare en fèves me donnerait 900 bottes de 12 kilog. ou 10,800 kilos, qui ne coûtent pas moins à produire que 270 fr. par hectare, sans tenir compte du fumier, ou 0 fr. 30 cent. la botte.

L'expérience m'a fait voir que la pulpe nourrit au moins aussi bien que la féverolle en bottes ; en outre de ma récolte de betteraves vendues, j'ai donc 7,200 kilogrammes de pulpes ne coûtant que 94 fr., pendant qu'un même poids de fèves ne revient pas à moins de 180 fr.

Le système que je suis n'a pas eu seulement pour avantage de me donner une plus grande quantité de meilleur fumier, il m'a donné l'assolement le plus simple, le plus libre et le plus fructueux ; la betterave que je fais sur une grande échelle (cette année elle occupera à peu près le tiers de mon exploitation), nettoie, ameublit et approfondit mon sol ; après la betterave, on réussit tout ce qu'on veut ; c'est le précédent le plus avantageux que je connaisse.

En 1855 et 1856 je n'ai pas pu faire autant de betteraves que je l'aurais voulu : les terres de Bellevue, que je venais de reprendre, manquaient de l'engrais nécessaire. Il est de notoriété publique que le fumier n'y revenait que tous les douze ans au plus tôt.

Grâce à cette culture et à mes semis en lignes suivis de sarclages, je n'ai plus d'herbe et je ne nourris plus que la plante que je veux récolter.

Je puis augmenter à volonté, et selon les circonstances de cherté, ma sole en blé jusqu'à 40 pour 0/0. Toujours par l'effet de la même cause, mes blés sont devenus bien supérieurs à ceux que j'avais il y a quinze ans ; alors il était rare que leur rendement dépassât 25 hectolitres à l'hectare ; si la récolte devait dépasser ce chiffre, elle versait.

Aujourd'hui mes blés de betteraves ne versent plus. Ils donnent quelquefois moins de paille, toujours plus de grains; leur produit ordinaire est trente hectolitres à l'hectare, il atteint parfois davantage. Il y a quinze ans, mes blés pesaient à peine en moyenne 75 kilog. à l'hectolitre et le grain avait l'aspect terne ; le blé après racines a en général le grain rond, brillant et pèse de 78 à 80 kilog. J'obtiens parfois 82 kilog.

Les avoines, les trèfles profitent également de cette culture.

Sans tenir compte de la quantité plus grande de mes fumiers, leur aspect, leur couleur suffisent pour expliquer les résultats. Les soixante à quatre-vingt mille kilogrammes de tourteaux qui passent actuellement dans un an par le ventre de mes moutons et en ressortent sous forme d'engrais animalisé, constituent le plus puissant élément de fécondité.

Je n'ai jamais de maladie dans mes bêtes ovines, mes pertes annuelles sont de peu d'importance, et dès qu'un animal paraît souffrant, il est abattu et livré à des bouchers détaillants.

42° QUESTION. — Je n'ai pas de comptabilité régulière. Je tiens compte exact de mes ventes, de mes achats, de toutes mes opérations. Je fais compter les gerbes de mes récoltes, je tiens sur mon journal toutes les notes possibles pour me renseigner ; mais je n'ai pas établi de comptabilité en règle, parce que je n'avais pas sous la main le personnel convenable et que, tout seul pour diriger mon exploitation, ma besogne est trop compliquée pour que je puisse le faire moi-même. Je puis parfaitement dire chaque année ce que j'ai en grains, en fumiers, ce que j'ai vendu de chaque récolte, ce que j'ai dépensé en main-d'œuvre et autres frais.

En 1855, j'ai récolté en blé 2,087 hectolitres, que j'ai vendus à MM. Cornaille, Huart, de Cambrai, et Henri Millot, de Saint-Quentin.

En colza, 551 hectolitres, vendus à M. Carlier, de Bellicourt.
En œillettes, 90 hectolitres.
En betteraves, 20 hectares.
En 1857, j'ai récolté en blé 2,451 hectolitres vendus au même.
En colza, 668 hectolitres, vendus à M. Carlier, de Bellicourt.
50 hectares de betteraves.

Il est à remarquer que le blé nécessaire pour la nourriture des domestiques de la ferme a été déduit.

Ces chiffres permettent d'apprécier approximativement les résultats de ma culture.

Je dois ajouter que cette balance ne donne pas la mesure exacte de ma situation, parce que, n'ayant pas les éléments nécessaires pour faire le compte de mes engrais en terre, je suis forcé de négliger une valeur très-importante.

J'ai en terre un capital d'engrais considérable que je considère comme bien placé et que je ne craindrais pas d'augmenter.

LEDUC-TESTART.

Beaurevoir, le 28 février 1858.

Mémoire de M. le Vicomte de CHEZELLES,

sur le domaine de Frières-Faillouël, et particulièrement sur la ferme de Frières, canton de Chauny (Aisne).

Renseignements généraux.

Configuration du sol.— Constitution de la couche arable du sous-sol. — Le sol de Frières-Faillouël et environs est légèrement ondulé et forme une petite vallée qui donne de la pente à presque toutes les terres : la couche arable est argileuse, sablonneuse en quelques endroits, forte dans beaucoup d'autres; le sous-sol est composé d'un sable gris, reposant sur la marne qui n'a pas encore été traversée par des forages de 300 mètres. Dans quelques parties, la glaise, plus ou moins pure, sert de toit à une mine de cendres pyriteuses.

Climat. — Le climat est doux, le pays étant abrité par une ceinture de bois qui l'entoure en grande partie.

Sources, nature des eaux. — Le domaine ne contient de sources que dans la partie marécageuse, peu étendue, qui touche à la commune de Mennessis. Les eaux sont légèrement ferrugineuses. Beaucoup de bois contiennent une mine de cendres pyriteuses de 1 à 3 mètres d'épaisseur, qu'on emploie pour l'agriculture et l'industrie en faibles parties.

Débouchés, voies de communication. — Le chemin de fer de Paris à Saint-Quentin, le canal de l'Oise à l'Escaut, la route impériale de Chauny à Ham, sur laquelle s'embranche la route départementale de Saint-Quentin, le chemin de grande vicinalité n° 62 et divers autres, traversent la commune de Frières et celle de Mennessis qui la touche.

Commerce de produits agricoles, foires et marchés.— Nombre de villes l'environnent : Chauny, à 9 kil., a deux marchés par semaine; La Fère, à 11 kil., en a deux et une agence pour la vente des grains, des moulins et une fabrique d'huile; Saint-Quentin, à 20 kil., a des marchés et des fabriques importantes. Ham, à 14 kil., a une fabrique d'huile et des moulins; quatre fabriques de sucre indigène sont à 4 et 5 kil. de Frières. Un marché considérable de bestiaux a lieu chaque mois à Blérancourt, à 20 kil., et une foire très importante en chevaux, tous les ans à Chauny. Les produits agricoles s'écoulent sur ces marchés et usines. Les bestiaux gras de notre ferme sont presque toujours vendus à l'étable, à des bouchers des villes voisines. Des marchands du pays achètent de petits cochons et les mènent en Champagne. Les grains se vendent au poids.

Main-d'œuvre, prix des journées d'hommes et de femmes, aux différentes saisons. — La main-d'œuvre est plus abondante que dans bien des pays; la population est laborieuse; les femmes et les enfants vont même au loin faire des binages de betteraves. Le prix de journée des hommes est de 1 fr. 50 à 2 fr.; celle des femmes de 1 fr. à 1 fr. 50, et celle des enfants de 70 cent. à 1 fr. 50, selon les âges et les saisons. Les domestiques hommes sont assez nombreux, les femmes sont fort rares. Nous sommes obligés de prendre des hommes pour les vacheries. Les charretiers, bouviers, vachers et bergers, ont de 360 à 450 fr. par an; ils sont logés et nourris à la ferme. Ils ont chacun un livret.

Production du pays; bétail, élevage, engraissement. — Le pays produit principalement des céréales et des plantes commerciales, colzas et betteraves, des pommes à cidre et les fourrages nécessaires à la consommation des bestiaux. Nous élevons des bestiaux de race bovine; ceux qui ne remplissent pas notre but sont engraissés pour la boucherie; les veaux qui ne sont pas élevés ont la même destination. Les moutons sont achetés maigres et revendus gras.

Renseignements spéciaux.

Etendue du domaine. — *Morcellement.* — Le domaine de Frières-Faillouël contient 1,118 hectares, dont la ferme de *Frières* 172 hectares, la ferme de *Voyaux* 144 hectares, la ferme des *Francs-Bois* 164 hectares. Les autres terres en culture sont louées à des cultivateurs de Vouël, Quessy, Flavy et Jussy. Le surplus du domaine consiste en 750 hectares de bois avec futaies sur taillis, aménagés à 24 ans. Les pièces de terre ne sont pas closes, sauf quelques pâturages destinés aux élèves. Elles sont morcelées par grandes pièces, plantées de pommiers, dont le nombre assez grand tend à diminuer chaque année. Les fermes de Voyaux et des Francs-Bois sont d'un seul tenant, séparé par des chemins; celle de Voyaux, par le chemin de fer de Paris à Saint-Quentin et par le canal de l'Oise à l'Escaut.

Mode de jouissance. — Le propriétaire fait valoir directement la ferme de Frières, avec trois agents qui se controlent; il n'y a de vaine pâture que celle des moutons sur les terres nues, et celle des vaches de la commune dans certains bois du domaine, quand leur âge les a rendues défensables. Les deux autres fermes et les marchés de terre sont loués à des fermiers qui les exploitent à leurs risques et périls.

Importance du capital employé. — Le capital de première

mise de la ferme de Frières, lorsqu'en 1851, M. de Chézelles l'a reprise de M. Crespel, n'a été que 60,000 fr., comme on le verra par la comptabilité, sans comprendre les dépenses pour remettre les bâtiments en bon état, ce qui eût été indispensable, même pour relouer à un fermier. Cette mise de fonds s'est augmentée, comme on le verra dans les inventaires; il est difficile de la comparer avec celle des fermes voisines.

Comment se répartissent les terres de la ferme. — La ferme de Frières contient, en culture 160 hectares, en pâtures 12 hectares ; total 172 hectares.

Bâtiments. — Tous les bâtiments sont construits en briques, couverts en ardoises. Trois bâtiments principaux ont été construits par le grand-père de M. de Chezelles, tous les autres l'ont été par lui à la fin du bail de M. Crespel, qui avait laissé les bâtiments ainsi que les terres dans un état pitoyable.

Moyens de transport. — Les transports de la ferme se font au moyen de 18 chevaux et de 16 bœufs, composant quatre attelées de chevaux et trois de bœufs. Une des attelées de chevaux est occupée, pendant une partie de l'année, au service du château, et une attelée de bœufs à la machine à battre.

Mode de harnachement. — Le harnachement des chevaux est ordinaire, celui des bœufs leur est en tout semblable; le joug est remplacé par le collier.

Véhicules employés. — Des chariots garnis, des charrettes et tombereaux sont les véhicules ordinaires.

Assolement. — L'assolement est sexennal. La culture du trèfle en est la base, avec dix hectares de luzerne en dehors de l'assolement qui est suivi le plus régulièrement possible dans l'ordre suivant :

1° Betteraves et féveroles sur une forte fumure de fumier de cour.

2° Blé avec trèfle semé dedans au semoir.

3° Trèfle avec deux coupes, ou minettes pâturées et labourées à la Saint-Jean.

4° Blé avec demi-fumure ou parc, colzas fumés et plantés sur terres qui ont porté des minettes.

5° Blé sur terres qui ont porté colzas ; sur le reste, hivernache, seigle, trèfle incarnat.

6° Avoine, rutabagas, navets, carottes, pommes de terre, etc.

Toutes les terres sont marnées. Cet amendement nous a paru suffisant ; des essais de chaux vive éteinte dans des monceaux de terre brassés et répandus ensuite, nous ont semblé faire un effet plus prompt, plus dispendieux, mais moins durable. Nous croyons devoir nous borner au marnage dont nous sommes contents ; nous n'employons pas les Faluns dont il y a peu de couche dans les bois. Le plâtre ainsi que les tourbes seraient d'un emploi trop dispendieux. Nous achetons, chaque année, toutes les suies que nous trouvons à Chauny ou La Fère, à un prix raisonnable de 1 fr. 25 à 1 fr. 75 l'hectolitre. Nous les mélangeons avec des cendres pyriteuses du pays , et nous les semons à la volée sur les récoltes qui sont faibles ou jaunissent, et sur les prairies naturelles ou artificielles. Ces semences de suie et de cendres tiennent les récoltes plus vertes et retardent la maturité ; mais elles donnent aussi plus de force à la plante et de longueur à l'épiage. L'effet de ces engrais est plus ou moins prompt, selon la saison où ils sont semés et la température qui suit leur ensemencement. Si les pluies leur succèdent, l'effet est immédiat ; si c'est au contraire la sécheresse, l'effet est faible sur la récolte qui les reçoit , et la majeure partie de sa force se conserve pour la récolte suivante.

Engrais, fumiers. — Toutes les pailles, même celles de colzas et de topinambours, passent sous les animaux et sont converties en engrais. La forme sur laquelle sont faits les fumiers est empierrée ; elle est divisée en deux parties séparées par un large fossé, sur lesquel sont les latrines, et dans lequel s'écoulent les eaux des fumiers qui sont déposés d'abord sur un côté, répandus également et arrosés chaque jour, pendant deux heures, avec une copette ; si l'eau manque dans le fossé , on amène avec un tonneau du purin pris dans la citerne ; on en arrose le fumier, en faisant passer le tonneau dessus. Quand ce tas de fumier est arrivé à moitié de sa hauteur, on le couvre de dix centimètres de terre pour absorber les gaz, puis on achève de le monter jusqu'à deux mètres. On le recouvre encore en finissant avec dix ou douze centimètres de terre ou de boue de mare séchée, et on l'arrose encore abondamment. Il est laissé dans cet état pendant une dizaine de jours, après quoi, on le charrie. Quand ce côté est couvert, on commence à déposer le fumier sur l'autre côté qu'on traite de même. Devant tous les bâtiments, il y a des trottoirs pavés, et des ruisseaux qui enlèvent les eaux pluviales et les conduisent à la mare ; un ruisseau pavé coupe les eaux de la cour et leur donne la même direction. Un trop-plein des eaux du fumier s'écoule par des conduits dans la citerne, qui reçoit les purins des étables. Les pailles des fumiers, arrosées chaque jour par des eaux fertilisantes, sont imbibées sans être décomposées. La fermentation a neutralisé les mauvaises graines. Les fumiers sont charriés dans les terres tous les trente-cinq ou quarante jours au plus. Tous les fumiers des divers animaux sont mélangés sur le même tas, sauf ceux des moutons qu'on transporte dans les terres, quand ils sont assez faits dans les bergeries. Le troupeau ne commence à parquer que vers la fin de juin.

Drainage. — M. de Chezelles est le premier qui ait introduit le drainage dans son canton en 1854, en faisant venir de Beauvais M. Vitard, ingénieur habile, qui lui a amené un contremaître très-exercé, nommé Landa, avec les outils nécessaires, qui ont servi depuis de modèle dans tous les environs. Pendant les six mois employés aux premiers drainages, M. Landa a formé plusieurs ouvriers du pays, principalement le chef terrassier, qui pose tous les tuyaux avec son fils. M. de Chezelles a placé, dans une fabrique de pannes et carreaux qu'il avait montée il y a quinze ans, deux machines à faire les tuyaux de drainage, construites par Laurent, rue du Château-d'Eau à Paris, sur le modèle anglais de Tackeray. Toutes les terres humides de la ferme de Frières sont drainées et assainies. Nous commençons à drainer celles qui sont louées à des fermiers, qui augmentent de 15 fr. par hectare le fermage après cette opération. Tous la demandent.

Plans des drainages. — Les nivellements pour les drainages sont pris par M. Ledoux, régisseur du domaine. Le plan du drainage de chaque pièce est fait par lui au cabinet, et tracé ensuite sur le terrain ; les drains sont ouverts, nivelés et remplis à la tâche ; les tuyaux transportés sur le terrain par celui qui le cultive, sont posés par le chef terrassier et son fils, que M. de Chezelles a depuis longtemps à son service ; les drainages ainsi exécutés ont paru réunir toutes les garanties de succès.

Prix de revient des tuyaux. Surface assainie : 94 hectares 78 ares 29 cent.

- 1° les gros de 9ᶜ int. 75ᶠ le mille.
- 2° les moyens 6ᶜ id. 38 id.
- 3° les petits 4ᶜ id. 28 id.
- 4° les couvre-joints.. 5 id.

à 240 fr. l'hectare, font 22,747 fr. Quoique les années que nous venons de traverser aient été généralement fort sèches, les heureux résultats des drainages nous paraissent déjà suffisamment appréciables, puisque des terres qui n'avaient jamais pu porter de céréales d'hiver, ont donné, dès la première année du drainage, une récolte de blé superbe ; tous les fossés d'assainissement qui, avant le drainage, étaient le seul moyen de faire écouler les eaux, ont été remplacés sur les terres de la ferme par des tuyaux de neuf centimètres de diamètre, posés en double ou en triple, selon la quantité d'eau qu'ils devaient recevoir. Alors, non-seulement le terrain de ces fossés a été rendu à la culture, et les herbes des bordures n'ont plus porté graine, mais les instruments aratoires n'étant plus arrêtés, la culture a pu se faire d'une manière plus économique et plus prompte.

Irrigations. — Les irrigations sont peu étendues. Le peu de prairies naturelles et de sources ne le permet pas. Nous n'avons pour les faire qu'un fossé où s'écoulent les eaux pluviales. Il est assez profond, et l'on ne peut irriguer, au moyen de vannes, que les parties les plus basses des prés. On le fait chaque année au commencement de l'hiver, à plusieurs reprises d'eau, pour terminer au 1ᵉʳ mars. Les récoltes de foin sont beaucoup plus abondantes sur les parties irriguées que sur celles qui ne le sont pas, quoique celles-ci reçoivent chaque année des engrais. Nous mettons en culture les prés qui ne peuvent être irrigués, et après cinq ou six récoltes, nous y semerons un bon foin.

Labours, énumération des instruments employés. — Les labours sont faits ordinairement par le brabant à deux socles, se retournant à chaque raye. Cependant nous employons des brabants simples de grande force pour faire les défrichements des prairies artificielles et tous les labours profonds qui précèdent la culture des racines. Les brabants à deux socles entièrement de fer, se payent 1 fr. 75 le kil. Ils font un bon travail, mais exigent des réparations fréquentes. Les brabants simples, coûtent de 125 à 140 fr., selon leur force. Les labours sont faits principalement par des bœufs. Les chevaux y travaillent quand les charrois de betteraves et de pulpes le permettent ; pour les labours d'hiver, trois bœufs sont attelés de front, tirant au collier, ou quatre chevaux attelés deux à deux. Ces labours ont 30 cent. de profondeur, et pour ceux qui précèdent la culture des racines, nous faisons passer derrière le brabant la charrue fouilleuse à trois socles, qui remue la terre à 15 cent. plus bas, sans la ramener à la surface. Tous ces labours se font avant ou au commencement de l'hiver. Aussitôt après la récolte des céréales, le scarificateur passe sur les chaumes pour détruire les herbes avant les labours. On emploie la herse triangulaire et divers rouleaux en bois.

Semis. — Les semences des céréales se font à la volée ; celles des racines et petites graines au semoir dans les blés. Nous employons celui de M. Hamoir, de Saultin, près Valenciennes. Nos blés de semence sont mélangés de diverses espèces : blés de Saumur, Wisbich, lord Ducie, de Noé, Victoria qui doivent, par leurs mélanges, former des sous-variétés, et éloigner les changements fréquents de semence. Ils sont enfouis sous raye, à la herse, après avoir été préparés de la manière suivante : les blés, bien nettoyés, sont mis dans une corbeille que l'on trempe dans l'eau de chaux, mélangée de sel marin, dans la proportion de 500 grammes par hectolitre de blé. Les semences se font du 1ᵉʳ octobre au 1ᵉʳ novembre, jamais plus tard. On sème 1 hectolitre 80 litres de blé par hectare. Les colzas, semés du 15 au 20 juillet, sont replantés avant le 1ᵉʳ octobre, sur des terres fumées, ayant reçu une demi-jachère, après des minettes pâturées sur place par le troupeau.

Entretien et culture des plantes pendant leur croissance. — Pendant leur croissance, les céréales ne reçoivent d'autre façon que l'arrachage des chardons. Les racines sont binées aussitôt qu'elles lèvent, et reçoivent trois ou quatre binages suivant que la saison l'exige. Les pommes de terre plantées à la main, sont hersées et buttées, après une façon à la houe à cheval, et arrachées à la main. Les rutabagas semés en pépinière, sont plantés au plantoir, après avoir eu les feuilles et les racines raccourcies et enduites d'un mélange de bouse de vache et de terre, pour faciliter leur reprise : ils reçoivent les binages ordinaires. Les binages et arrachages de carottes se font aussi à la main et en tâche.

Moissons. — La moisson des céréales est faite à la faulx garnie de bois, en adossant, par 14 moissonneurs, tous du village. Chaque moissonneur est suivi par un aide qui ramasse en javelles les épis fauchés. Le chef des moissonneurs reçoit les ordres et se charge de les transmettre à toute la bande, sauf à une famille qui fait, seule à part, la moisson des pièces éloignées et d'une faible contenance. Les premiers blés mois-sonnés sont, jusqu'à concurrence de la moitié de la récolte, un peu verts, et mis de suite en hutelottes (ou moyettes) par huit femmes qui suivent les moissonneurs. Ils restent ainsi à l'abri des mauvais temps jusqu'à ce que l'autre moitié soit fauchée, mise en javelle, liée et rentrée de suite. On lie et on rentre ensuite la première moitié qui avait été mise en hute-lottes ; la moisson se fait ainsi très-promptement et avec toutes les chances possibles de rentrer sans que les blés soient mouillés. Les mêmes moissonneurs fauchent toutes les prairies ; elles sont fanées et mises en meule, comme d'ordi-naire, par des femmes de journée, sous la surveillance du chef de labours.

Fenaison, arrachage, récolte des racines. — Les racines sont arrachées à la tâche par les femmes qui les ont binées. Elles en coupent les collets, les mettent en tas et les recouvrent de feuilles pour les préserver du mauvais temps jusqu'à ce qu'on les enlève.

Conservation des produits. — Les céréales sont conservées jusqu'au battage, partie dans des granges, partie en meules, d'où elles sont rentrées au fur et à mesure des besoins : les avoines, féverolles, etc. dans une grange séparée.

Battage, nettoyage. — Les battages se font au moyen d'une machine à battre, faite par M. Duvoir, de Liancourt (Oise), mue par un manège attelé de trois bœufs, qui se relayent par quart de jour. Six bœufs sont affectés à ce travail et sont employés aux travaux de culture, suivant l'urgence. Les avoines sont battues au fléau, quoique la machine puisse le faire, mais pour éviter les pertes de grains dans les transports. Les grains montés au grenier sont repassés au tarare pour achever le nettoyage avant la vente. Ils sont vendus : un tiers pour se-mence, et le surplus mois par mois, selon le cours, de ma-nière à ne conserver après le 15 mai que les grains nécessaires aux besoins de la ferme. Ainsi leur conservation ne demande que peu de soins, au moment du printemps.

Conservation des racines. — Quant aux racines et aux tuber-cules, ils sont mis en tas, sous un hangard, pour s'y dessécher entièrement. Les pommes de terre, après l'arrachage, sont mises dans une cave ; les carottes et rutabagas dans un cellier enfoncé en terre ; les topinambours ne sont arrachés qu'au fur et à mesure des besoins et se conservent en terre jusqu'à la fin de l'hiver. Si la place manque pour toutes les racines, on les met en silos dans les terres sèches voisines de la ferme. Toutes les betteraves sont vendues et transportées aux fabriques de sucre du voisinage, d'où les voitures rapportent 6 à 800,000 kil. de pulpes, tant pour les 20 p. 0/0, auxquels les cultivateurs ont droit, que pour le surplus acheté à prix débattu. Ces pulpes sont mises dans des fosses construites pour cet usage et couvertes en ardoises.

Magasinier. — Tous les fourrages, comme les grains, sont conservés dans des granges, meules ou greniers, sous la garde du magasinier qui les délivre chaque jour aux chefs d'emplois, suivant les consommations inscrites sur des ardoises placées dans les écuries, étables et bergeries. Tous les fourrages sont coupés par un hache-paille, mu par un petit manège à un cheval, d'où ils tombent dans la pièce des préparations alimentaires, où ils sont mélangés avec des menues pailles ou avec des pailles hachées, des pulpes et des tourteaux. Ces mélanges sont abandonnés pendant 24 heures à la fermentation, après laquelle ils sont distribués aux animaux. Ces mélanges, pour le troupeau et les bêtes bovines à l'engrais, reçoivent deux fois par semaine une certaine quantité de sel, et une fois par semaine ce repas de mélanges est remplacé par de la paille. Un troupeau de 600 bêtes est ainsi engraissé, après avoir fait le parc, pour être vendu dans les premiers jours de janvier. Il est remplacé par le même nombre de bêtes maigres qui sont nourries de même, tondues en mars et vendues fin d'avril. Avant ou après la tonte, un nouveau troupeau est acheté, pour faire le parc et n'être engraissé qu'à la fin de l'année. Pour l'engraissement des bêtes bovines, en octobre, nous réformons les bœufs et vaches dont nous ne sommes pas satisfaits ; nous complétons les étables avec des animaux maigres que nous achetons, et à mesure que les gras sont vendus, nous les remplaçons par des maigres, de manière à cesser l'engraissement fin de mai, quand arrivent les animaux engraissés dans les pâturages. C'est ainsi que, chaque année, la ferme de Frières vend de 12 à 1,500 moutons gras et de 80 à 90 bœufs gras ou vaches grasses, en faisant sur place une masse considérable de fumiers précieux, renfermant les résidus d'animaux qui ont consommé 40 à 50,000 tourteaux de lin, œillettes et colzas.

Renseignements sur la manière dont sont cultivées les différentes plantes alimentaires, fourragères ou industrielles. — Tous les ans, des trèfles incarnats sont semés sur des chaumes de seigle ou de blé, avec un mélange de navets qui sont arrachés en novembre et décembre, pour être donnés aux bestiaux dont l'engraissement commence et aux élèves de race bovine. Les navets arrachés, le trèfle prend toute sa force. Nous sémerons cette année un mélange de maïs jaune avec des vesces d'été, pour fourrages à donner en août ; des portions de terre sont plantées en topinambours avec fumure ; elle produisent beaucoup de tubercules qui se conservent tout l'hiver.

Maladies des plantes. — Nos blés n'ont aucune maladie ; toutes les semences sont mélangées de 6 ou 7 espèces. Les colzas de 1856 ont souffert des pucerons aussitôt la floraison ; des semis de cendres pyriteuses, mêlés de chaux vive délitée, n'ont produit aucun effet. Les tiges se sont ouvertes et ont montré des vers qui en mangeaient la moelle ; il a fallu faire passer le troupeau et semer tardivement des betteraves.

Arbres à cidre ; culture ; fabrication. — Des pommiers, encore en grand nombre, sont plantés dans les terres ; les pommes servent à faire le cidre pour la consommation de la ferme et du château. L'excédant de la récolte est vendu par lots sur les arbres ; deux pressoirs et un tour servent à la fabrication du cidre ; le jus coule des pressoirs dans les caves, qui sont en dessous ; les pommiers sont greffés sur branches avec les meilleures espèces, dont plusieurs ont été apportées de basse Normandie ; quelques poiriers sont mêlés aux pommiers, pour augmenter les chances favorables à la production.

Bois, forêts, désignation des essences. — Les bois réunis au domaine se composent de 750 hectares. Les essences dominantes sont : le chêne, le charme, le bouleau, le blanc de Hollande, etc. Il y a une trentaine d'années, ces bois étaient percés de quelques layes impraticables ; le sol était couvert, en beaucoup d'endroits, d'eaux stagnantes où le bois ne poussait qu'avec peine ; depuis lors, de grands fossés avec des ramifications ont été ouverts ; des plantations de taillis avec blancs de Hollande à hautes tiges ont été faites ; des chemins larges et aérés ont été percés et empierrés, malgré l'éloignement des carrières d'où l'on tirait des pierres ; des layes nouvelles, ainsi que des layons pour faciliter la garde des bois, ont été ouverts.

Elagages. — Depuis 20 ans, des élagueurs belges, attachés aux forêts du prince de Ligne, à Belœil, viennent chaque année élaguer la futaie et sont parvenus, par un élagage raisonné, à relever la futaie de 3 ou 4 mètres, sans élandrer les arbres et en déchargeant les taillis. Ceux-ci, à l'âge de 12 ou 13 ans, sont éclaircis et désertés. Les ronces, épines et faux bois sont coupés ; les branches gourmandes sont enlevées de manière à préparer de beaux baliveaux et des perches pour les mines de houille qui en tirent beaucoup. Après l'exploitation des coupes, les chemins de vidange, les faudes de charbon sont replantés avec soin ; les pieds d'arbres arrachés sont remplacés de manière à ce qu'il ne reste pas la moindre place improductive. Tous ces bois sont aménagés par coupes de 21 ans en divers triages. Chaque année, les coupes se vendent, haute et basse futaie, à des marchands de bois qui les exploitent à leurs risques et périls, après que le propriétaire a fait lui-même les martelages avec le plus grand soin. Les arbres réservés portent un numéro de peinture noire ; ceux délivrés, un numéro de peinture rouge. Le marchand adjudicataire est responsable des arbres réservés jusqu'au récolement fait par le propriétaire. Il ne s'est jamais trouvé d'erreur dans ces opérations très-régulièrement faites.

Animaux domestiques.

Chevaux. — Les chevaux employés pour la culture du domaine sont de forte conformation, de races et de robes différentes, auxquelles nous n'attachons pas d'importance. Nous ne faisons pas d'élèves ; le mode de culture s'y oppose, en raison des charrois considérables et souvent doubles de betteraves et de pulpes que nous sommes obligés de faire en arrière-saison. Ces charrois, fort lourds, pourraient occasionner des accidents aux juments pleines et forceraient à n'employer les poulains que fort tard. Nous achetons ordinairement les chevaux à la foire de Chauny dite Saint-Momble, à la fin d'août. Elle attire un grand nombre de chevaux de tous les pays.

Construction des écuries. — Les écuries sont construites en briques et voûtées, pavées avec des caniveaux qui envoient les urines dans des citernes. Les chevaux sont nourris ainsi :

Nourriture d'hiver :

2 kil. foin.
2 kil. trèfle.
1 kil. menue paille et paille hachée. } Hachés, mélangés, fermentés.
Et 7 kil. d'avoine avec 200 grammes de sel, deux fois par semaine.

Nourriture d'été. — 12 litres d'avoine, 500 grammes de son, une botte de féverolles non battues, par chaque cheval.

Les chevaux sont étrillés et pansés deux fois par jour, en toute saison, et ont les jambes bien lavées avant de rentrer à l'écurie ; ils sont employés de préférence aux charrois et les bœufs à la culture. Les chevaux font en hiver 7 heures de travail et 11 heures en été. Nous n'achetons que des chevaux en état de bien travailler.

Anes. — Deux ânesses ont été élevées principalement pour le service du château. Tous les deux ans, on en fait saillir une.

Taureaux, bœufs et vaches. — La nourriture des bœufs et taureaux de travail consiste en :

25 kil. de pulpes de betteraves.
1 kil. de foin.
2 kil. de paille hachée ou menue paille. } Le tout haché, mélangé, fermenté 12 ou 24 heures, suivant la température.
2 kil. de trèfle.
1 kil. d'orge concassée.
1 kil. de tourteau d'œillette ou colza.

En hiver, les heures de travail des bœufs sont les mêmes que celles des chevaux. En été, ils ne travaillent que par

1/2 jours ; ceux qui travaillent le matin se reposent le soir et alternativement.

Taureaux employés au travail. — Les taureaux travaillent avec les bœufs. Pour y parvenir, on leur couvre les yeux et on les attache derrière une charrette qui passe dans les terres labourées ; quand ils sont fatigués, on les attelle avec des bœufs dressés ; on leur passe à l'avance un anneau dans le nez avec une têtière. Les bœufs sont ferrés des quatre pieds et des deux ongles à chaque pied. On n'emploie pas les vaches.

Veaux. — Les veaux destinés à la boucherie sont engraissés pendant 40 à 50 jours avec du lait pur, dans de petits boxes, avec un panier au museau. On ne vend pas d'élèves. Les vaches nouvellement vélées donnent de 16 à 20 litres de lait par jour, les bretonnes en donnent de 8 à 14 litres. Elles reçoivent en hiver :

> 2 kil. de foin.
> 2 kil. de trèfle. } Mélangés, hachés, fermentés.
> 3 kil. menue paille ou paille hachée.
>
> 3 kil. de son.
> 16 kil. de carottes. } Coupés, mélangés.
> 12 kil. de navets.

En été :

Trèfle, luzerne, vesces ou regains en vert, à peu près à volonté.

Fabrication du beurre. — On fabrique du beurre ; le prix moyen est de 2 fr. 50 cent. à 2 fr. 60 c. le kil. Il faut environ 34 litres de lait pour un kil. de beurre ; on ne vend pas le lait de beurre, on le consomme dans la ferme. On trait les vaches 3 fois par jour dans les 3 premières semaines du vêlage, et 2 fois ensuite. Le beurre se fabrique dans une baratte en zinc qui suffit jusqu'à présent parce qu'on a fait beaucoup d'élèves. On ne fait de fromages que pour les besoins de la ferme.

Engraissement des bœufs et des vaches. — On prend les bœufs et vaches qu'on engraisse de 5 à 9 ans au plus ; nous payons les bœufs maigres à raison de 60 c. le kil. poids brut, les vaches 55 c. id. ; leur poids moyen est de 600 kil. pour les bœufs et 450 à 500 kil. pour les vaches poids brut.

Nourriture. — Les animaux sont engraissés à la stabulation permanente ; ils reçoivent en nourriture par tête :

> Les 40 premiers jours :
> 20 kil. de pulpes.
> 1 kil. de foin.
> 2 kil. de trèfle. } Hachés, mélangés, fermentés.
> 2 kil. de menue paille ou paille hachée.
>
> 1 kil. de son.
> 1 kil. de carottes.
> 1 kil. 1/2 de tourteaux d'œillettes ou colza. } Coupés, mélangés.
> 250 gr. de sel deux fois par semaine.

Pour les 40 jours suivants :
25 kil. de pulpes.

1 kil. de foin.
1 kil. de trèfle. } Hachés, mélangés,
1 kil. de paille hachée. }   fermentés
2 kil. de tourteaux de lin ou d'œillettes.)

1/2 kil. de son.)
1/2 kil. de tourteaux. } En breuvage dans les
1/2 kil. de farine d'orge concassée. } mangeoires tous les
250 gr. de sel deux fois par semaine.) jours.

Pour les 40 derniers jours l'alimentation est la même, sauf trois tourteaux au lieu de deux et demi.

Tous ces animaux font environ un kilog. de viande par jour ; les vaches que nous achetons pour être engraissées sont généralement de race Cotentine ; elles sont presque toutes amenées du marché de Méru (Oise) par des marchands qui nous les revendent ; les bœufs sont Charolais ou des vallées de la Meuse ; les bœufs gras se vendent en moyenne 1 fr. 50 c. le kil. et les vaches 1 fr. 25 c. poids net, 45 pour 0/0 déduit du poids brut.

On ne donne que du lait aux veaux qu'on engraisse (25 litres par jour) ; ils font souvent plus d'un kil. de viande par jour. Ils se vendent gras 1 fr. 65 à 1 fr. 70 c. le kil.

Maladies habituelles ; moyens préservatifs. — La péripneumonie et les maladies des poumons qui en dérivent sont celles qui ont le plus attaqué nos animaux. Après en avoir perdu 23 en une année, nous avons fait depuis deux ans inoculer tous nos animaux à la queue, aussitôt leur entrée dans la ferme, avec du virus pris dans les poumons d'un animal dont la maladie est bien constatée après qu'il a été abattu. Depuis l'inoculation, nous n'avons pas perdu une seule bête ; plusieurs ont perdu tout ou partie de leur queue. Un bœuf ayant une péripneumonie bien constatée a été inoculé, et 10 jours après il travaillait dans son attelée.

Béliers, Moutons, Brebis. — Le troupeau, comme on l'a vu précédemment, se compose de 600 bêtes mérinos : moutons ou brebis, suivant le prix le plus avantageux. Les bergeries sont séparées en cinq compartiments, dont quatre pour loger chacune 125 bêtes. Elles sont bien aérées, avec des rateliers et bers en chaux hydraulique.

Nourriture. — L'engraissement n'a lieu que du 20 octobre au 15 mai à la bergerie. La nourriture se compose dans cette période, par tête, de :

3 kil. de pulpes.)
250 grammes tourteaux d'œillettes.) Le tout haché,
100 grammes de foin. } mélangé, fermenté.
100 grammes de trèfle.)
200 grammes menue paille ou hachée.)

du sel deux fois par semaine dans l'eau des baquets en fonte qui sont dans les bergeries.

Dans le dernier mois de l'engraissement. ⎰ 4 k. de pulpes au lieu de 3. / 250 gr. de tourteaux. / le reste com. d'ordin.

Nous n'élevons d'agneaux que par hasard ; le poids moyen de nos toisons est de 4 à 5 kil. et le prix de la laine environ 2 fr. 50 c. Nous ne vendons les bêtes que grasses, presque toujours à la bergerie, à des marchands de Poissy ou des environs de Paris. Nous nous assurons du poids avant la vente ; nous suivons le cours des marchés de Poissy et Sceaux.

Porcs. — Les animaux de la porcherie consistent en verrats, truies et élèves, pour la vente et la consommation de la ferme. Ils sont tous de petites races anglaises diverses. Nous avons trois verrats, Yorshire, Hampshire et Leicester, dans des toits séparés, éloignés de ceux où sont les truies qui sont aussi de ces trois races. Les petits cochons sont vendus après le sévrage, sauf ceux réservés pour la reproduction ou l'engraissement.

Nourriture. — Leur nourriture consiste en hiver en :

2 kil. de pommes de terre. \
1 kil. de carottes. \
1 kil. de topinambours. \
500 grammes de rutabagas. ⎱ Le tout cuit à la vapeur, fermenté. \
1 kil. de son. \
500 grammes de farines d'orge concassée. /

En été, le matin, un repas de fourrages verts pour les animaux qui ne sont pas à l'engrais ; le soir, laitage, son farine d'orge. En moyenne, les porcs de neuf à dix mois pèsent 100 k. et sont vendus aux charcutiers des villes voisines, ou au ménage de la ferme, à raison de 1 fr. 40 c. le kil. en moyenne.

Oiseaux de basse-cour. — Nous élevons peu de volailles. Celles que nous avons sont de la race d'Houdan, ou de celle de Crévecœur pure, et des variétés d'Houdan croisées avec quelques couveuses Cochinchinoises. On vend les œufs en majeure partie au château à raison de 6 fr. le cent en moyenne. On n'engraisse de volailles et on n'élève de dindons que pour le château, qui paie les poulets 2 fr. 50 cent. pièce.

Comptabilité.

Comptabilité et régie de la ferme. — La régie de la ferme de Frières marche au moyen de trois employés principaux qui se contrôlent : le chef de labours, le comptable et le magasinier.

Chef de labours. — Le chef de labours est aux lieu et place du propriétaire absent ; il est donc chef de l'exploitation, et en cette qualité chargé de donner des ordres aux domestiques et ouvriers, de surveiller la bonne exécution des travaux et de faire les ventes et achats. Il doit rendre un compte exact au comptable de toutes les opérations de l'exploitation, quelque minimes qu'elles soient. Tous les mémoires des fournisseurs, ouvriers, etc. doivent être signés et vérifiés par lui avec observations, s'il y a lieu, pour être payés par le comptable et lui servir de pièces justificatives ; celui-ci n'a plus à s'occuper de leur exactitude quand elles sont signées par le chef de labours.

Tous les bons de livraisons, en entrée et sortie, sont remis par lui au comptable, qui en touche le prix et les paie. La surveillance du ménage, potager, laiterie et volailles regarde la femme du chef de labours.

Il est chargé de tous les travaux des terres, excepté de ceux des drainages. Ainsi les fossés, culture de pommiers, empaillage des jeunes greffes sont dans ses attributions ; mais l'élagage des pommiers, greffage, récolte de pommes (sauf les charrois), l'élagage des bordures de bois regardent le régisseur avec qui il doit s'entendre à cet égard. Il peut consulter les comptes ouverts de la ferme, et le comptable et lui s'aident de leurs conseils réciproques.

Comptable. — Consigne abrégée du comptable : le comptable doit avoir tous ses livres au bureau ; il y est de huit heures à onze heures et demie du matin, et le plus possible le reste de la journée ; il reçoit et paie tout, sur les bons signés du chef de labours et du magasinier. Il tient la comptabilité en partie double, donne communication au chef de labours des comptes, et examine avec lui d'où peuvent venir les pertes et bénéfices, pour que la comptabilité puisse servir de direction à l'administration de la ferme.

Magasinier. — Consigne du magasinier : le magasinier, comme les autres employés de la ferme, est sous les ordres du chef de labours ; rien ne doit entrer ni sortir sans être vérifié par lui, et sans qu'il en rende compte au bureau. Il a sous sa surveillance tous les greniers et magasins et délivre chaque jour tous les objets de consommation, d'après les rations inscrites sur les ardoises par le chef de labours, de manière à en rendre compte au comptable. Ainsi, tous les objets de consommation qui entrent dans la ferme sont pesés et vérifiés par lui ; il signe les factures et les remet au bureau. Il s'assure du poids des voitures de récolte, en les faisant passer de temps à autre sur la bascule ; il a à sa garde les liens des moissonneurs, il les leur délivre au fur et à mesure des besoins, pour s'assurer d'un nombre égal de gerbes. Rien n'entrant dans les magasins sans sa vérification, il en est responsable jusqu'à ce qu'il en soit déchargé par les sorties.

Il délivre les grains, fourrages, etc., soit sur un bon du chef de labours, soit sur ses inscriptions par les divers consommateurs. Tous les bons du chef de labours pour la vente des grains portent la quantité, l'espèce et le jour de la livraison ; le magasinier, avant de les signer, y porte son poids et le jour de la sortie réelle ; sauf les déchets, les entrées et les sorties devront se balancer.

Chaque trimestre, M. de Chézelles vérifie lui-même la situation en magasin, préparée par le comptable sur les bons qui lui auront été remis ; le chef de labours et le magasinier signent cette opération qui sert de décharge au magasinier.

Il donne l'avoine aux domestiques et la leur voit donner aux chevaux à chaque repas ; il est chargé de la surveillance et des coupages et mélanges de fourrages, et veille à ce qu'ils aient la fermentation prescrite avant d'être distribués aux animaux.

Il est chargé d'ouvrir et fermer les portes des granges, cour, et il veille à l'ordre de jour et de nuit. Il fait un rapport écrit et déposé sur le bureau de tout ce qui se serait passé qui y serait contraire. Il sonne la cloche aux heures prescrites par le chef de labours ; son service dure pendant les fêtes et dimanches, en ne faisant ces jours-là que l'indispensable.

Il est chargé, d'après un inventaire, des bois de chauffage , menuiserie, planches et magasin aux fers ; il donne aux ouvriers ce qui leur est nécessaire sur un reçu signé d'eux. On fait un inventaire avec la balance générale des comptes au 1er juillet, époque où les magasins sont vides.

Comptabilité. — La comptabilité, composée de 64 comptes ouverts, a fait monter la balance à un bénéfice net de 27,720 f. 15 c. pour l'année terminée au 1er juillet dernier (1857). Ce bénéfice ajouté à l'actif de 108,743 fr. 75 cent. donne donc un bénéfice total de 136,463 fr. 85 cent. Mais pour bien apprécier les progrès de la ferme de Frières, il faut se reporter à l'année 1851.

Il faut voir le point d'où l'on est parti et le résultat obtenu avec une mise de fonds de 60,000 fr. sur des terres qui étaient en 1851 dans l'état le plus déplorable. Ce capital de 60,000 fr. a été complètement amorti en huit ans, capital et intérêts. Le fermage des terres prélevé chaque année sur les bénéfices nets, a été successivement élevé au prix de celui des fermes d'alentour, et malgré le drainage et le marnage d'une grande partie des terres amortis sur les bénéfices, ces bénéfices s'élèvent, sur dix années, à la somme ronde de 136,463 fr. 85 cent. Ce résultat, tout cultivateur intelligent possesseur d'un capital de 60,000 fr. eût pu l'obtenir avec bien moins de difficultés, puisque ses frais de régie eussent été moindres.

Conclusions du Mémoire.

Le vicomte de Chezelles est devenu propriétaire du domaine de Frières, après les partages de la succession de son père, en

1829. Le pays était alors coupé de chemins impraticables : les bois ne pouvaient être sortis des coupes et y pourrissaient ; la ferme de Frières était sans fermier, celui-ci l'avait abandonnée la nuit , emportant tout son mobilier. Les fumiers noyés dans la cour ne pouvaient être menés dans les champs. Les terres, remplies d'herbes et mal cultivées sous tous les rapports, étaient couvertes de pommiers dont les fruits rapportaient plus que les récoltes qui étaient dessous. La valeur locative des terres (sans les pommiers) ne s'élevait qu'à 25 fr. par hectare. Au début, ne pouvant trouver de fermier, M. de Chezelles fit valoir sa ferme de Frières avec de grands sacrifices d'argent. Il lui avait fallu rétablir les bâtiments, remettre les terres en bon état, tout lui manquait. Il sortait du service militaire et n'avait aucune expérience.

Au bout de sept ans, fatigué d'une culture onéreuse, il se décida à louer pour dix-huit ans, au modique fermage de 42 fr. l'hectare, y compris les bâtiments où l'usine fut montée, à M. Crespel, fabricant de sucre à Arras, dont l'industrie agricole pouvait créer des ressources à la population alors fort misérable de Frières. M. Crespel traita les terres en fabricant de sucre, leur fit porter des betteraves presque tous les ans et ne leur donna d'engrais suffisants que dans les premières années de son bail ; à la fin, les terres étaient dans l'état le plus misérable, et une partie des bâtiments en ruine. Pendant ce laps de temps, M. de Chezelles avait conservé autour de son habitation une petite culture, avait acquis de l'expérience, et voyant le triste état dans lequel ses terres et bâtiments avaient été mis, pensant que la meilleure manière de faire du bien à la population qui entoure une grande propriété est de lui donner du travail, il prit le parti de cultiver lui-même une seconde fois sa ferme. C'est alors qu'il plaça dans cette ferme une somme de 60,000 fr. en acquisition de matériel, qu'il y établit la comptabilité et l'organisation qui a été expliquée ci-dessus, de manière à conserver la direction de la culture et des améliorations, mais sans tous les embarras et les menus détails de l'exploitation. Il put successivement introduire, avec ses bénéfices, le marnage, le drainage, la bonne confection des fumiers , la culture des plantes industrielles, l'engraissement du bétail par la pulpe, toutes améliorations qui ont porté si haut les bénéfices de cette ferme. Dans toutes ces innovations, il a toujours eu pour principe que toute culture doit être améliorante et donner des bénéfices après les premiers sacrifices faits. Hors de là, il s'est abstenu.

L'engraissement des bestiaux et la production de la viande est aujourd'hui le but de la ferme qu'il cultive ; il continuera ce mode tant qu'il trouvera des bestiaux maigres à un prix raisonnable ; il fait déjà le plus possible d'élèves de race bovine, des Cotentines principalement qu'il va croiser avec un taureau Durham, pour favoriser une production plus rapide de la viande. Il agrandit et améliore une prairie pour y mettre un grand nombre d'élèves au pâturage. Il compte faire un voyage en Angleterre et en Écosse au printemps prochain, pour y étudier, dans les fermes les plus avancées, l'emploi de la vapeur, non-seulement comme moteur pour les machines à battre, concasseurs, etc., mais comme moyen de préparer des aliments cuits pour les bestiaux, et le remplacement des tourteaux par des graines de lin cuites.

Il n'est peut-être pas à propos de parler ici des travaux qui ne sont pas agricoles, tels que construction de maisons pour écoles de filles et garçons, établissement de sœurs, reconstructions du presbytère et de l'église, toutes choses cependant qui ont dû avoir une heureuse influence sur la population de Frières et qui l'ont peut-être bien disposée à suivre les exemples d'une culture plus avancée et plus productive.

Tels sont, MM. les jurés, les résultats des efforts tentés par M. de Chezelles. Il était loin de prévoir qu'un jour un concours offert par un gouvernement sagement progressif viendrait l'engager à sortir de l'obscurité où il s'était toujours plu à rester. Ces travaux, occupation de trente années de sa vie, n'ont été entrepris que dans le but de donner dans son pays tout à la fois des exemples salutaires, de procurer des ressources aux populations nombreuses qui l'entourent, tout en améliorant les propriétés et le patrimoine de sa famille. C'est donc avec peine qu'il s'est décidé à parler si longtemps de lui et de ce qu'il a fait. Veuillez apprécier ses efforts et juger jusqu'à quel point ils ont atteint le but qu'il s'est proposé.

Château de Frières, le 28 février 1858.

Le vicomte DE CHEZELLES.

Mémoire de M. Henri CARETTE,

Cultivateur à Nogent, près Coucy-le-Château (Aisne).

Étendue du Domaine.

Le domaine que j'exploite, et dont je suis propriétaire, s'étend sur 195 hectares 88 ares de terres, prés et bois, sur lesquels sont construits deux corps de ferme distants, l'un de l'autre, de 680 mètres. La route vicinale de Coucy-le-Château à Vic-sur-Aisne, qui traverse la propriété dans sa plus grande largeur, et un chemin de 210 mètres que j'ai construit pour gagner cette voie de communication, relient ces deux corps de ferme. L'un, appelé Nogentel, est situé à peu près au milieu des terres de l'exploitation; l'autre, connu sous le nom du Bain des Dames, placé sur les bords de la rivière d'Ailette et des prés du domaine, est uniquement affecté à l'élevage du gros bétail.

Réunion de 26 parcelles. — La propriété est d'un seul tenant, par suite d'acquisitions successives que j'ai faites, et il m'a fallu de la persévérance pour former cette agglomération de 26 parcelles autrefois détachées, aujourd'hui réunies.

L'ensemble présente une plaine légèrement inclinée jusqu'à la rivière, du nord au sud et de l'est à l'ouest, sans ondulation, avec une contre-pente du sud au nord vers un ruisseau appelé le Rû-Renaud, qui va jeter ses eaux dans l'Ailette, en aval du domaine.

Constitution de la couche arable. — Le sol arable, d'une profondeur moyenne de 15 centimètres, est généralement siliceux; il se dessèche beaucoup en été et reste froid en même temps. Je compte environ 100 hectares de cette nature et 46 hectares où l'élément siliceux domine encore, mais toutefois assez riche en humus et offrant à l'œil une couleur noirâtre. J'y comprends quelques hectares qui présentent par exception le caractère d'un sol plutôt argileux.

Constitution du sous-sol. — Le sous-sol est également argilo-sablonneux avec cailloux et gravier. On rencontre aussi quelques gisements ferrugineux çà et là.

État des prés au début de l'entreprise. — Les prés sont composés d'un terrain d'alluvion, tourbeux dans quelques parties; à mon entrée en jouissance, ils étaient couverts de marécages boisés que j'ai fait disparaître et qui ne donnaient que de mauvaises herbes et de chétives coupes d'aunaies.

Climat. — La température diffère peu de celle du climat de Paris, nos moissons se faisant vers le 25 juillet habituellement. Les pluies sont assez fréquentes et la neige est rare. Mais il règne souvent d'épais brouillards dans les parties basses, où les gelées blanches se font sentir jusque dans la bonne saison.

Nature des eaux. — Les eaux sont abondantes, elles se présentent en nappes souterraines à une profondeur de 1 mètre 50 à 2 mètres. L'eau que l'on trouve dans les puits contient peu de matières calcaires. Les bestiaux sont abreuvés soit avec cette eau, soit avec celle de la rivière qui est de même nature.

Distance des marchés et des débouchés. — Pour la vente des denrées, les marchés les plus rapprochés sont Soissons (à 19 kilomètres) pour les céréales, et Blérancourt (à 12 kilomètres) pour l'achat des moutons. Sceaux et Poissy sont les seuls débouchés pour la vente des moutons gras. Les bouchers de Soissons, St-Quentin et des environs, m'enlèvent mes bêtes grasses de l'espèce bovine.

Concours de l'exploitation à l'industrie sucrière. — Les autres produits sont consommés dans la ferme, à l'exception des betteraves qui sont charriées à deux kilomètres, à l'usine de Lafeuillée, appartenant à mon père (1), d'où je ramène les pulpes dans la proportion du cinquième du poids de la betterave livrée à la fabrique.

Voies de communication. — Les routes qui m'avoisinent sont bonnes, et le chemin de grande vicinalité qui traverse ma propriété suivant son plus grand axe, met mon exploitation en communication avec les routes impériale et départementale de Laon, Coucy et Blérancourt qui passent à deux kilomètres de Noyon. Le chemin de fer de Paris à Saint-Quentin, traversant Chauny, situé à 13 kilomètres de chez moi, me permet de diriger mes bestiaux sur Paris et de faire arriver le guano nécessaire à mon exploitation.

Jusqu'à ce jour et comme le voulaient les conditions économiques de la localité, j'ai surtout produit des céréales, des betteraves, des fourrages, des racines fourragères, en me livrant en même temps, sur une grande échelle, à l'élevage et à l'engraissement du bétail.

Commerce des produits agricoles. — Les céréales sont vendues sur échantillons au marché de Soissons, et livrées soit dans

(1) Même commune. — Les exploitations réunies de Lafeuillée et de Nogent forment un ensemble d'environ 500 hectares annexés à la fabrication du sucre, ce qui permet l'approvisionnement presque complet de notre usine par les betteraves que nous produisons. La fabrication s'élève en moyenne à 300,000 kilos de sucre par an.

cette ville, soit aux moulins des environs. Mes blés obtiennent toujours une plus-value de cinquante centimes à un franc les cent kilos, sur les autres blés amenés au marché, grâce à leur belle qualité que MM. Vilmorin et Andrieux ont été à même d'apprécier en m'en achetant cette année comme blé de semence.

Comme je l'ai dit plus haut, mes betteraves sont livrées à l'usine de mon père, à prix variables, mais le plus ordinairement à 16 fr. les mille kilos, avec reprise de la pulpe à 10 fr. les mille kilos. Quant au bétail, il est vendu aux cours dans les marchés que j'ai indiqués, ou chez moi à des bouchers voisins, ou à des marchands qui expédient sur la capitale à leurs risques et périls.

Main-d'œuvre. — La main-d'œuvre commence à devenir rare. par suite du développement considérable de l'industrie agricole dans la contrée et en particulier dans ma commune où la culture maraîchère offre des salaires élevés en proportion des bénéfices qu'elle procure.

Salaires des domestiques à gages. — Le prix de la journée des hommes est de 1 fr. 75 en hiver, et de 2 francs en été ; les femmes reçoivent un franc l'hiver et un franc vingt-cinq cent. l'été. J'emploie peu de journaliers, presque tous mes travaux étant faits par mes hommes à gages ou des tâcherons. Les salaires des domestiques à gages s'élèvent depuis 400 jusqu'à 500 francs suivant l'importance et la nature de leur service, avec 15 à 16 hectolitres de méteil évalués en moyenne à 15 fr. Un logement avec huit ares soixante centiares de terre est mis à la disposition de chaque ménage.

Prix de la journée des tâcherons. — Les tâcherons, quelle que soit la nature de leurs travaux, gagnent de trois à quatre francs par jour, suivant les saisons. Ils sont payés en argent dans certaines circonstances, et en nature dans d'autres, la moisson par exemple.

Productions du pays. — Le pays produit principalement des céréales. Les plantes commerciales qu'on y cultive sont : la betterave, le chanvre et le colza sur une moindre échelle. Les fourrages ne sont guère l'objet d'un commerce. Le sucre est à peu près la seule denrée qu'on y manufacture.

On se livre peu à l'engraissement du bétail, si ce n'est dans les exploitations annexées aux fabriques de sucre. On n'y élève presque pas de gros bétail. Je suis le seul qui pratique en grand cet élevage.

Elevage du bétail.

C'est en 1852 que je créai ma vacherie. Mis tout-à-coup en possession d'une terre dénuée de calcaire, extrêmement humide à cause de l'imperméabilité de la couche inférieure, je trouvai que ce qu'il y avait de mieux à faire était de chercher, dès le début, à développer la production des fourrages et racines fourragères, que tant bien que mal me fournissait l'exploitation, en même temps que je songeai à faire consommer sur place les foins et les regains grossiers de mes prairies souvent envasées.

Causes qui ont déterminé l'élevage du bétail. — Cette position toute exceptionnelle et le besoin d'improviser, pour ainsi dire, au plus tôt une source d'engrais pour réconforter un sol qui en était privé depuis longtemps, furent les motifs qui me décidèrent à me livrer à l'élevage du gros bétail. En effet, je ne pouvais recourir aux moutons avant d'avoir assaini mon sol, et les bêtes à cornes s'offraient seules à moi pour transformer les mauvais produits dont j'ai parlé, en viande et en engrais gras et liants, qui rendissent au sol cette consistance qui lui manque.

Je ne pensai pas toutefois devoir ici tirer un bon parti de la production du lait, les débouchés manquant; la fabrication du beurre ne me présentait pas non plus d'avantages à cause de la main-d'œuvre coûteuse et difficile qu'elle nécessite.

Introduction de la race Charolaise. — J'introduisis donc un certain nombre de vaches Charolaises et Nivernaises, ainsi qu'un taureau de même race, avec l'intention d'en élever les produits mâles pour le travail et les femelles pour la reproduction, quitte à engraisser celles qui seraient réformées au fur et à mesure.

Plus tard, et par suite des améliorations réalisées sur le sol, l'abondance et la qualité des produits alimentaires s'étant accrues, je jugeai possible l'élevage d'une race de boucherie à côté de la race Charolaise.

De la race de Durham. — Je plaçai dans ma vacherie un taureau de Durham et quatre génisses de même race que j'achetai en 1855 au haras du Pin.

Croisements. — Au milieu de l'une et l'autre race restée pure sur un certain nombre de sujets, j'obtins quelques produits croisés, Durham-Charolais. Je constatai chez eux une tendance extrême à prendre du gras, surtout chez les femelles; quant aux bouvillons, ils s'entretiennent facilement et possèdent encore assez d'énergie, le sang Durham ne dominant pas trop, pour former de bons travailleurs pour mon exploitation qui n'exige pas de transports fatigants et où les labours sont faciles.

Production de bœufs pour le travail. — Mais ce sont surtout mes bœufs de race Charolaise pure, dressés au joug dès l'âge de trois ans, qui me fournissent aujourd'hui le contingent nécessaire à mes attelages, et qui les renouvellent sans que j'aie besoin, comme par le passé, de recourir à des achats faits souvent à des prix onéreux dans le Charolais. Ces animaux, dont le prix de revient à trois ans est d'environ 300 fr., en négligeant les travaux légers qu'ils exécutent souvent avant cet âge, n'ont pas à subir chez moi les périls de l'acclimatation, puisqu'ils sont nés dans la localité. Aussi sont-ils toujours plus durs et d'un entretien si facile, qu'il est quelquefois nécessaire d'en modérer l'alimentation.

J'ai accusé le chiffre de 300 fr. comme prix de revient du bœuf Charolais à trois ans, soumis au régime quasi-stabulaire ; mais aujourd'hui deux causes me feront nécessairement modifier ce chiffre : la première est le prix élevé que les denrées alimentaires ont atteint cette année; la deuxième trouve sa raison d'être dans ce que j'ai fait consommer cette campagne des foins qu'autrefois je n'aurais pu vendre que comme litière, et qui aujourd'hui vaudraient de 50 à 60 fr. les mille kil. Aussi conviendrait-il de porter ce chiffre à 360 fr. environ sur une période de trois ans, ainsi qu'on le verra plus loin.

Primes dans les concours depuis 1853. — Je ne puis ici oublier de dire que mes produits ont aussi, depuis 1853, figuré bien des fois avec honneur dans nos expositions, et particulièrement depuis trois ans dans les concours régionaux où j'ai obtenu les plus flatteuses récompenses.

C'est ainsi que j'ai pu tirer parti d'une situation où je ne pouvais, dès le principe, que me livrer à une culture extensive, mais qui m'a bientôt permis d'en utiliser les résultats, en les faisant servir aux besoins de la culture intensive que je suis parvenu à créer sur mon exploitation. Et le temps n'est pas éloigné où une partie des produits de ma vacherie, trop nombreux pour être tous utilisés chez moi, pourront être vendus au dehors.

Améliorations.

Drainage. — En même temps que je donnai à mon élevage le développement successif que comportait la production croissante des récoltes fourragères, je cherchai par le drainage à me débarrasser au plus tôt de l'humidité qui, sur la majeure partie du domaine, s'opposait à une culture facile et avantageuse. Commencés en 1854 et achevés en 1858, mes travaux de drainage s'étendent aujourd'hui sur 73 hectares, et s'il existe encore quelques parties assez importantes du domaine à drainer, l'assainissement ne pourra s'en effectuer qu'après l'achèvement des travaux de dessèchement de la vallée de l'Ailette et l'abaissement du niveau des eaux de cette rivière qui ne permet pas de continuer ce genre d'amélioration aux terres et prés qui l'avoisinent.

Participation à des travaux d'utilité publique. — Des travaux d'irrigation que je me propose aussi de créer dans mes prairies attendent également l'exécution finale du dessèchement qui est confié à une compagnie de communes et de propriétaires concessionnaires dont je fais partie avec mon père qui en est le directeur adjoint.

Prix de revient du drainage. — Dans un plan remis à la commission, je crois avoir réuni les renseignements les plus complets pour lui permettre d'apprécier à fond l'importance et la valeur de mes travaux de drainage, et par conséquent, je ne m'étendrai pas davantage sur cette opération, mais je dirai que l'ensemble de la dépense s'est élevé à 19,552 fr. 15 c. et que la moyenne à l'hectare est de 267 fr.

Peut-être cette moyenne paraîtra-t-elle élevée ; mais il faut considérer qu'elle a dû nécessairement monter par suite de la création de certains fossés assujettis à une ouverture permanente, par le redressement et l'approfondissement d'un récipient général appelé le Rû-Renaud, qui traverse ou longe vingt-deux parcelles à divers propriétaires sur une longueur de 2,282 mèt. Le placement de quelques collecteurs d'un diamètre considérable a aussi, dans quelques parties, contribué à élever la dépense. En jetant un regard sur la légende du plan, on verra que la moyenne du prix de revient est moins élevée pour les pièces dont le drainage n'a pas eu à supporter une part de ces frais.

Améliorations qui en furent la suite. — Le drainage fut le point de départ d'améliorations de toutes sortes que je pus réaliser sur ma terre, restée jusque-là dans un état complet d'inertie. D'abord je me débarrassai d'une quantité considérable de fossés inefficaces, d'un entretien coûteux et entravant la culture.

Ces fossés étaient couverts de genets et de mauvais taillis que je fis en même temps disparaître. Des chemins d'exploitation impraticables en hiver, envahis de buissons et de ronces, furent également supprimés, comblés, remis en culture et remplacés par des chemins plus directs et à niveau du sol.

Le nettoiement du sol, essayé depuis longues années par les fermiers qui m'avaient précédé, devint possible, et je pus me délivrer, au fur et à mesure, du chiendent qui recouvrait, pour ainsi dire, la surface du sol épuisé par une culture misérable.

Les plantes adventices qui étouffaient les céréales d'automne disparurent, et la moutarde sauvage, bien que revenant encore sur quelques parties, ne jette plus ses épaisses semences d'autrefois dans les céréales de mars.

Chaulage. — Je pus dès-lors commencer le chaulage. Cette opération, qui s'étend aujourd'hui sur 19 hectares, fut pratiquée diversement. Je chaulai d'abord dix hectares avec de la chaux fabriquée en plein air, à raison de un franc l'hectolitre ; mais trouvant coûteux le prix de revient de ce genre de chaulage, pour lequel j'employai 150 hectolitres à l'hectare, je me procurai à Coucy, à deux kilomètres de la ferme, de la poussière de chaux que je payai 30 centimes l'hectolitre.

J'en répandis sur 9 hectares, à raison de 180 hectolitres par hectare. Cette dernière opération, en y ajoutant les frais de transport et d'épandage, me revient à 88 fr. de l'hectare.

Le transport de cet amendement n'élève pas de beaucoup son prix, d'autant plus que je cherche à l'exécuter dans des moments où je ne pourrais mieux utiliser mes attelages.

Je ne prends pour l'emploi de la chaux d'autre précaution que celle de la charrier et de la répandre par un temps sec, et sur un sol qui n'a pas reçu de fumier de l'année.

Terréautages, etc. — Je dois dire encore que j'ai transporté sur plus de 20 hectares soit des terres provenant de décombres et de démolitions, soit une espèce de marne appelée ici *cran*, et que j'ai appliquées sur les parties fraîches ou à sable brûlant. Je ne dois évaluer cette dépense à l'hectare qu'au prix de 60 fr., les transports qu'ils ont causés ayant été faits sur l'exploitation et à de faibles distances. L'an dernier, j'enlevai encore des terres des canaux de dessèchement creusés dans mes prés, sur trois hectares de sable blanc, et ces terres mêlées d'argile les améliorèrent beaucoup.

Un bien que j'ai cru retirer du chaulage a été d'obtenir des betteraves là où précédemment la récolte en était fort médiocre, et d'en modifier, je crois, favorablement la qualité.

Défrichements. — J'ai dit plus haut que généralement le sol de mon exploitation était siliceux ; j'ajoute que sur 146 hectares de terre, 75 proviennent de défrichements opérés il y a une vingtaine d'années et 15 de défrichements faits par moi depuis cinq ans.

C'est ce qui explique l'emploi de la chaux dans ce sol privé de calcaire et rongé d'acidité. Les défrichements coûtent ici de 1 fr. 75 à 2 fr. 25 de l'are. J'en ai fait cet hiver 3 hectares 14 ares à ce dernier prix, avec abandon des racines aux ouvriers.

Emploi de cendre de bois lessivée et de cendre pyriteuse. — Je fais usage d'autres amendements, la cendre de bois lessivée qui me coûte 0 fr. 90 cent. de l'hectolitre ; j'en sème sur mes prairies naturelles 30 hectolitres par hectare. L'herbe y pousse avec plus de vigueur et les légumineuses en garnissent mieux le pied.

Je répands aussi sur mes prairies artificielles de la cendre pyriteuse dans les mêmes proportions : je la paie 0 fr. 50 cent. l'hectolitre.

Défoncement du sous-sol. — Le défoncement du sous-sol a été pratiqué jusqu'à présent sur 30 hectares comme complément de drainage, à l'aide de la fouilleuse du Ménil-Saint-Firmin. Ce travail fut excellent, surtout pour la culture de la betterave qui, sous les effets combinés du sous-solage et du chaulage, put s'enfoncer d'avantage dans le sol, et être moins sensible aux maladies qui altèrent si fréquemment cette plante dans les sols légers provenant de défrichements. Grâce à ces deux moyens, je pus même cultiver la betterave dans quelques parties du domaine où il n'avait pas encore été possible de l'introduire. Toutefois, dans ces terrains, je préfère semer des rutabagas qui me donnent de bonnes récoltes que j'estime à 30,000 kil. de l'hectare. Cette racine est excellente pour la nourriture des jeunes animaux, et je la mettrais au-dessus de la pulpe que je fais entrer dans l'alimentation des élèves, si je n'obtenais celle-ci à 10 fr. les mille kil., avantage que je dois au voisinage de l'usine de Lafeuillée.

Production de céréales.

Avant le drainage, la terre de Nogent ne produisait guère plus de douze hectolitres à l'hectare, comme moyenne, et encore les fermiers alors faisaient-ils la majeure partie de leurs blés très-seigleux. Aujourd'hui la commission peut apprécier les résultats financiers de cette opération par les rendements en blé froment obtenus en 1856, 1857 et 1858 ; elle y verra un chiffre de 31 hectolitres, 69 litres à l'hectare en 1856, sur 16 hectares 46 ares 22 centiares ; de 27 hectolitres en 1857, sur 21 hectares 26 ares, avec cette observation qu'en 1856 le poids moyen de l'hectolitre n'était que de 75 kilos 554 grammes, tandis qu'il s'est élevé en 1857 à 77 kilos 168 grammes.

Qualité des froments. — En 1858, le rendement ne peut encore être apprécié entièrement, le battage n'étant pas terminé ; mais le poids s'est élevé cette année au chiffre de 79 à 80 kil., par suite d'une qualité que je n'avais pas encore atteinte (1).

Blés Victoria. — Sans doute le drainage n'a pas été seul à amener ces résultats satisfaisants, et il faut reconnaître qu'un bon choix de blé de semence, dit blé Victoria, généralement semé après betteraves fumées à raison de 60,000 kilos de l'hectare, et l'emploi du guano au printemps sur les parties faibles qui se montraient, y ont contribué également.

Engrais.

Emploi du guano. — J'achète par an de quatre à six mille kil. de guano, au prix de 35 fr. les 100 kil. pris à Chauny. C'est sur les blés et pour les rutabagas que je fais usage du guano. Je ne l'emploie presque plus pour la betterave, à laquelle il donne une vigueur qui l'empêche de mûrir et la rend difficile à la fabrication du sucre. Je sème le guano à la volée sur les blés de mars à avril, suivant l'état de l'empouille, et en mai et juin pour les rutabagas, dans les proportions suivantes : de 100 à 200 kil. pour les blés et de 2 à 300 kil. pour les rutabagas. On l'enterre à l'aide de deux traits de herse et d'un coup de rouleau pour les blés ; pour les crucifères, l'enfouissement se fait à la herse avant l'ensemencement de la graine.

(1) Je ne parle pas des méteils qui m'ont donné aussi des résultats remarquables, mais qu'il est plus facile d'obtenir abondamment dans mon sol. Quant au seigle, qui était autrefois le principal produit de ma terre, je n'en fais plus que pour me procurer des liens et fourrager parfois le bétail au printemps.

Engrais de ferme et manière de les traiter. — **Mais** les engrais de ferme ont toute ma préférence, aussi je donne les plus grands soins à leur confection ; les litières qui sont enlevées tous les matins sous les animaux d'attelage, chevaux et bœufs, sont répandues et mêlées aux fumiers de la vacherie, sur lesquels se tiennent les jeunes animaux, laissés libres sous des hangars entourés d'auges, de bacs à eau et de rateliers. De cette façon, jamais il ne se perd un kilo de fumier. Sans cesse trituré sous le pied des animaux, ce fumier, à l'abri des pluies et du soleil, arrive rapidement à un degré convenable de fermentation et de façonnage sans déperdition des gaz fertilisants, pour être transporté sur les terres souvent trois semaines après sa sortie des étables.

Par ce moyen je parviens aussi à suffire aux besoins de litière que nécessite le nombreux bétail que j'entretiens aujourd'hui sur l'exploitation. Je préfère cette méthode à celle des fumiers arrosés qui exige plus de main-d'œuvre, et qui a l'inconvénient de transporter aux champs un poids d'eau souvent considérable. Les fumiers provenant des boxes dans lesquelles sont engraissés les animaux n'en sont extraits qu'à de longs intervalles. Le sol des boxes de 90 centimètres en contre-bas du sol extérieur, permet de laisser pendant deux mois et plus les litières sous les animaux sans grand dégagement des gaz ammoniacaux.

Cet entassement des fumiers procure aux animaux un coucher doux et maintient une certaine chaleur dans ces étables très-aérées.

Ces fumiers auxquels je mêle quelquefois des parties sèches de litière de bergerie, sont charriés directement des boxes aux champs.

Les auges des boxes sont mobiles, ce qui permet de les relever au fur et à mesure de l'accroissement de la couche du fumier.

Une fois une certaine partie de terre assainie, la mise en état du sol fut bientôt générale, par suite des améliorations dont j'ai parlé plus haut, et grâce aux abondants engrais que me produisait mon élevage.

Développement de la culture industrielle. — Je pus dès-lors donner à mon exploitation ce développement de culture industrielle que le voisinage des usines agricoles lui indiquait, mais que les difficultés provenant du sol ne me permettaient pas d'espérer de si tôt.

Répartition des terres du domaine entre les divers emplois. — J'ai dit en commençant que mon exploitation s'étendait sur 195 hectares 88 ares de terres, prés et bois. Dans cette masse, les terres labourables entrent aujourd'hui pour 141 hectares 88 ares, déduction de 4 hectares 50 ares pour vergers, plantations et terrains vagues ; les prés pour 30 hectares et les bois pour 19 hectares 55 ares.

Importance du capital actuel d'exploitation. — L'importance du capital aujourd'hui existant sur le domaine est évaluée à 98,000 fr., ce qui fait pour 171 hectares 83 ares de terres et prés 570 fr. 33 cent de l'hectare.

Capital primitif. — Par les reprises que j'ai faites successivement, le capital au début s'élevait à 36,000 fr., soit par hectare 209 fr. 50 cent. Mais c'est surtout la valeur du sol qui s'est accrue de façon à me donner aujourd'hui des rendements maxima de récoltes aussi élevés que dans les meilleures terres du pays.

Répartition de l'assolement pour l'année courante. — Pour l'année courante, les terres se répartiront suivant le tableau ci-après :

CÉRÉALES.				PLANTES SARCLÉES.				PRAIRIES artificielles et autres.			
	H.	A.	C.		H.	A.	C.		H.	A.	C.
Froment	18	66	61	Betteraves	35	17	69	Luzerne	6	32	»»
Méteil	15	20	19	Rutabagas	9	15	»»	Trèfle incarnat	8	»»	»»
Seigle	3	»»	»»	Carottes	1	50	»»	Trèfle ordinaire	4	»c	»»
Hivernages	4	55	»»	Colza	2	75	75	Vesce de print.	4	07	71
Orges	2	»»	»»	Fèves	3	»»	»»	Pâtis	2	»»	»»
Avoines	15	72	13	Maïs	1	33	»»	Jachères (1)	4	75	65
				Topinam. et pom. de terre		80	21		29	15	30
	59	13	93		53	53	71	Prairies natur. (2)	30		

Récapitulation.

Céréales.	59 h.	13 a.	93 c.
Plantes sarclées.	53	53	71
Prairies artificielles.	29	15	36
Prairies naturelles	30	»»	»»
Total.	171 h.	83 a.	00 c.

Récoltes.

Récolte de betteraves en 1858. — En 1858, j'ai récolté 795,720 kil. de betteraves sur 24 hectares 05 ares 49 centiares, soit 33,079 kilos à l'hectare. J'avais aussi ensemencé 3 hectares 3 ares en variété de Magdebourg. Le rendement à l'hectare

(1) Dans certains cas il y a nécessité de recourir à ce mode d'amélioration que je n'emploie plus que rarement.

(2) Depuis l'an dernier, 10 hectares qui étaient loués à des particuliers sont rentrés dans l'exploitation.

n'a pas été rémunérateur. J'attribue cette faiblesse de récolte au défaut d'acclimatation de cette variété ; mais elle a donné à la chaudière un rendement très-riche en proportion de son poids, en même temps qu'elle s'est fabriquée facilement, quoique produite dans un terrain provenant de défrichements.

Rutabagas et Carottes. — La récolte des rutabagas a fourni 158,535 kil. sur 5 hectares 87 ares 17 centiares, soit à l'hectare 27,000 kil. Les carottes ont produit 66,088 kil., sur 1 hectare 65 ares 22 cent., soit à l'hectare 40,000 kil.

Dénombrement du bétail au 31 décembre 1857. — Au 31 décembre dernier, j'avais 85 têtes de gros bétail sur l'exploitation, savoir : 20 bœufs de trait, 12 bêtes à l'engrais ou sur le point d'y être soumises, 53 bêtes à la vacherie, 7 chevaux dont 3 pour mon service personnel (1) et 400 moutons, 300 viennent d'être vendus après avoir été engraissés et seront en partie remplacés par des moutons achetés pour les parcs. Il en faut porter la moyenne par an à 300 environ.

Quantités de têtes par hectare. — Ainsi donc 85 bêtes à cornes, 7 chevaux, 300 moutons, sur 171 hectares 83 ares de terres et prés, me donnent une proportion de 4/5 de têtes de bétail par hectare.

Bâtiments au début de l'entreprise. — Les bâtiments qui existaient avant mon acquisition avaient peu de valeur. Ceux que j'ai construits pour suffire à l'accroissement de mon matériel s'élèvent au prix de 32,591 fr. 38 cent.

Bâtiments existant aujourd'hui. — Ce chiffre paraîtra peut-être peu élevé ; mais il faut remarquer que j'ai trouvé dans ces constructions l'emploi de matériaux de charpente et de maçonnerie provenant de bâtiments devenus inutiles sur une partie de la propriété, matériaux d'un placement difficile dans toute autre circonstance et pour lesquels je n'ai pas eu de transports à supporter (2). En se reportant au plan de la ferme de Nogentel, on jugera de l'ensemble de ces constructions, faites dans des proportions modestes, mais où je crois n'avoir rien négligé sous le double rapport de la commodité des dispositions intérieures et de la salubrité des locaux affectés aux logements des animaux.

Assolement.

L'assolement suivi est libre ; par mes améliorations, j'ai tra-

---

(1) Ces trois chevaux ne figurent ici que pour la production de l'engrais, n'étant pas employés au service de la ferme.

(2) Il en est de même pour les bois neufs de charpente qui ont tous été tirés sur la propriété, mais dont la valeur toutefois est comprise dans le chiffre de 32,591 fr. 38 cent.

vaillé à mettre mes terres en état de porter à peu près indifféremment toute espèce de récoltes, afin de répondre aux exigences commerciales et aux variations des cours. Ainsi, cette année, je me propose de forcer un peu la quantité de betteraves que j'ensemence ordinairement, par des raisons relatives à l'approvisionnement de l'usine de Lafeuillée. Toutefois, les plantes sarclées forment essentiellement la base de mes rotations ; les céréales succèdent à ces récoltes et les prairies artificielles sont semées dans ces céréales.

Extension de la culture du trèfle incarnat. — Les obstacles que j'ai signalés déjà bien des fois, par suite de l'absence de calcaire dans mon sol, rendent surtout restreinte la culture du trèfle. Je ne puis semer cette légumineuse que sur certaines parties de l'exploitation qui ne sortent pas de défrichements, et comme ces terres n'entrent guère que pour un tiers dans la masse, je suis forcé d'en limiter l'extension, ne pouvant faire revenir le trèfle qu'à longs intervalles sur une terre qui en a déjà porté. Je remplace en partie ce fourrage par le trèfle incarnat. Cette variété, moins difficile sur le choix de la terre, vient à peu près partout et me permet quelquefois une récolte dérobée de rutabagas. Elle continue surtout à alimenter largement mes animaux au commencement de la bonne saison, quand les autres récoltes sont encore à venir, et je fais durer cette alimentation jusqu'à la fauche des vesces de printemps, à l'aide d'une sous-variété dite trèfle tardif, dont j'ai déjà eu occasion de signaler les avantages dans le *Journal d'Agriculture pratique.* — Ce fourrage, bien moins nourrissant que le trèfle commun, n'en présente pas les dangers, et l'on peut n'y pas trop regarder dans la distribution, car il produit un engrais gras et abondant, qui m'est très-précieux à cette époque pour les dernières semences de rutabagas. Depuis, je me suis mis à sécher une certaine quantité de trèfle incarnat. Bien qu'il perde beaucoup à être séché, je le mêle avec avantage au trèfle ordinaire et aux luzernes dans l'alimentation d'hiver, ce qui augmente les ressources alimentaires.

Semence des blés à la volée et en lignes. — Je sème nécessairement les céréales d'automne assez tardivement, puisqu'elles succèdent aux betteraves. Je m'en trouve très-bien dans ma vallée où les mauvaises herbes envahissent fréquemment les empouilles. Presque tous mes blés sont semés à la volée, à raison de trois hectolitres de l'hectare. Cependant chaque année j'en fais de deux à quatre hectares en lignes dont j'obtiens de beaux rendements ; mais c'est toujours dans les meilleures parties du sol destinées aux blés. Ces rendements ne sont pourtant pas supérieurs aux récoltes des blés que je sème à la volée. Je n'y vois jusqu'à présent d'autre avantage qu'une économie de semence. Cet avantage peut parfois être considérable. En prenant le blé à 20 fr. de l'hectolitre, j'y gagnerai 40 fr., le semoir ne répandant qu'un hectolitre à l'hectare ;

j'en déduirai 15 fr. pour le binage, il me restera donc 25 fr. J'admets que cela vaille encore la peine qu'on y regarde.

Profondeur des labours. — Les labours sont exécutés à des profondeurs diverses. Toutefois, je ne vais jamais au-delà de 20 centimètres pour les plus profonds. Je préfère le travail de la fouilleuse pour augmenter l'épaisseur de la couche arable. Les labours très-profonds ont l'inconvénient de ramener brusquement à la surface une terre qui n'a pu encore s'échauffer, et leur effet ne peut qu'être nuisible dans les deux ou trois premières années qui suivent l'opération. Dans mon sol, ce travail serait désastreux.

Emploie de la charrue dite Brabant double. — Mes labours sont faits par la charrue brabant double en fer, coûtant environ 180 fr. selon le poids et le cours de la matière employée. Deux bœufs renouvelés au milieu du jour suffisent pour retourner 60 ares de terre par jour.

Emploi du scarificateur. — Par mon genre d'assolement, je laboure à toutes les époques de l'année. Je me sers des scarificateurs construits en fer pour relever mes labours d'hiver ; je les ai aussi employés cette année à enfouir après betteraves une pièce de blé de 13 hectares.

L'absence de toute herbe m'a permis d'employer ce mode économique d'enfouissement dont le prix peut être porté à 20 fr. de l'hectare.

Des herses en bois et fer. — Je fais aussi usage de herses légères en bois façon du pays ; mais pour nettoyer en mars les luzernes, j'ai recours à une herse en fer assez pesante. Cette opération de nettoyage contribue à les faire durer longtemps et à en exciter la végétation. J'ai encore des herses accouplées, système Hooward.

Rouleaux en bois et pierre. — Les rouleaux dont je me sers sont pesants et à sections. Pour la préparation des terr e à betteraves, j'en emploie un en pierre dure qui retasse ma terre trop soulevée par les labours.

Emploi de la houe à cheval pour les plantes sarclées. — Pour parer à l'insuffisance des bras et surtout pour diminuer les frais de sarclage, je donne quelques façons à la houe à cheval dans les champs de betteraves, rutabagas, colzas et féverolles, qui sont tous semés en ligne. Mes sarclages de betteraves me coûtent pour trois façons 40 francs de l'hectare ; je donne avec cela un binage à la houe que j'évalue à trois francs de l'hectare, soit 43 francs pour le tout (1). Mes voisins, qui ne font pas usage de la houe à cheval, paient 54 francs pour quatre

---

(1) Un homme et un enfant. 3f »»
Cheval tous frais compris. . 5 »• } 9 fr. par jour et pour 3 hectares.
Frais d'outil. . . . . 1 »»

façons. Pour le sarclage à main des autres plantes, le prix varie selon le nombre de façons à donner, soit 16 francs pour le binage d'un hectare de colza ou de féverolles.

Arrachage et conservation des racines. — L'arrachage des racines se fait au prix de 24 fr. de l'hectare.

Les betteraves sont conservées en silos ou charriées directement à la fabrique. Les rutabagas sont arrachés le plus tard possible et laissés en tas couverts de terre. Les carottes sont mises en petites fosses ou chaîne, pourvues de cheminées d'air.

Moisson et usage de Villottes. — La moisson a lieu d'ordinaire vers le 25 juillet. Les céréales sont coupées à la faulx au prix de 1 hectolitre 50 litres de méteil à l'hectare, soit en argent 22 fr. 50 cent. Chaque année, je mets une certaine quantité de blés en villottes, et je m'en trouve très-bien, parce que cette méthode me permet de couper un peu sur le vert, d'éviter par conséquent l'égrainage et de donner de la qualité au grain et à la paille. Cette opération, qui ne me coûtait dans le principe que trois francs de l'hectare, me revient aujourd'hui au double. Mes céréales sont rentrées en granges ou mises en meules.

Battage des grains et prix de revient. — Le battage des grains s'exécute à la machine Duvoir. On bat en moyenne 500 gerbes et 15 hectolitres de grain par jour, les ouvriers préparant les gerbes et rangeant les pailles.

Le grain est monté au grenier par une chaîne à godets et celui qui n'est pas encore complètement débarrassé de sa balle (le hauton) est rejeté par le même moyen sur la table de l'engraisseur. Deux hommes et une femme sont occupés au battage. Je calcule que cette opération coûte un franc de l'hectolitre y compris l'intérêt et la détérioration de la machine (1). Je vends les grains au fur et à mesure du battage, à l'exception de ceux que je conserve pour le paiement en nature des gens à gages et ouvriers moissonneurs.

Arbres à cidre. — Je possède 145 pieds de pommiers sur la propriété ; ils m'ont produit cette année 168 hectolitres de cidre. Le prix de fabrication m'est revenu à 1 fr. 50 cent. de l'hectolitre, y compris les frais de récolte des fruits.

Essences des bois et aménagement. — Les bois qui existent encore sur la propriété et qui ne s'étendent maintenant que sur 19 hectares 50 ares, sont aménagés à 12 ans, et les taillis vendus en adjudication au prix moyen de 5 fr. l'are, aux maraîchers de l'endroit qui recherchent les rames et les échalas pour leurs jardins. Une petite partie de la futaie m'a servi en ces derniers temps pour mes constructions de ferme, et j'y prends

---

(1) Intérêt de la machine, amortissement, détérioration pour un travail
de 200 jours. . . . . 2f »»)
Quatre bœufs à deux francs par jour . . . . 8 »» } 15 fr
Personnel . . . . 5 »»)

tous les bois de chauffage de ma maison. Les essences qui peuplent ces bois sont : le chêne, le hêtre, le bouleau, le frêne pour la futaie, et le coudrier, le charme et le bouleau pour le taillis.

Travaux par les chevaux. — Tous mes travaux sont à peu près exécutés par des bœufs attelés au joug. Je possède seulement quatre chevaux de race percheronne pour transporter mes grains au marché, les pulpes de la sucrerie de Lafeuillée à la ferme, charrier une partie des fumiers, des betteraves et autres récoltes. Je les réserve encore pour la conduite de mes semoirs et houes à cheval, qui exige plus de soins que le gros des travaux des champs faits par les bœufs.

Alimentation des chevaux. — Mes chevaux font trois repas par jour. Ils reçoivent dix litres d'avoine, sept kilos de trèfle, luzerne et hivernages hachés et mêlés.

On leur distribue encore en sus cinq kilos environ de bonne paille de froment qu'ils fourragent au ratelier. J'ai cet hiver, à cause du prix élevé de l'avoine, remplacé quatre litres d'avoine par autant de seigle macéré pendant 48 heures. Mes chevaux sont pansés deux fois par jour et placés par deux dans une stalle.

Ecurie. — Le sol de l'écurie est pavé de briques de champ. L'eau qui sert à abreuver les chevaux arrive dans un bac placé dans l'écurie même. Des cheminées d'appel sont pratiquées dans le plafond.

Bœufs de travail, genre d'attelage et d'harnachement. — J'entretiens cinq attelées de quatre bœufs de travail. L'une d'elles, harnachée au collier, fait le service du manège qui met en mouvement une machine à battre avec ses accessoires, une pompe, un laveur et un coupe-racines, deux concasseurs à grains et à tourteaux, un hache-paille et son cylindre à nettoyer.

Arrangement intérieur de l'étable des bœufs de travail. — Mes bœufs reçoivent le même pansement que mes chevaux ; ils sont placés comme eux, deux par deux, dans une stalle avec auge grillée de barreaux de fer, distants l'un de l'autre de 50 centim. pour empêcher les animaux de rejeter leur nourriture. En avant des auges règne un corridor communiquant avec la provenderie et qui sert à la distribution des provendes. Des bacs à eau abreuvent également les animaux à l'intérieur. Le sol de l'étable est construit en briques de champ, avec rigole pour l'écoulement des urines, bien que celles-ci restent dans les litières. La nourriture est distribuée trois fois par jour. Elle est toute l'année, à l'exception de deux à trois mois en été où on donne du vert, composée de pulpe et de mélanges hachés, de trèfle, luzerne et mauvais foin dans les proportions suivantes :

Alimentation des bœufs de travail. — 19 kilos de pulpe, 4 kilos 500 grammes de trèfle et luzerne et 4 kilos 500 grammes de foin, ensemble 28 kilos.

Les bœufs consomment très-peu de paille, celle qui leur fait litière ayant servi à l'affouragement des moutons.

J'ai expliqué les raisons qui m'ont déterminé à introduire dans mon exploitation l'élevage du gros bétail.

Elève du Bétail.

Situation de la vacherie. — Sur les bords de la rivière d'Ailette et au milieu des prés de l'exploitation, la petite ferme du Bain des Dames était parfaitement située pour cette destination.

Dispositions intérieures et méthode d'élevage. — Le local était autrefois peu approprié au logement des animaux. J'ai pu cependant, sans grande dépense, le disposer convenablement. J'y ai établi des paddoxes pour les jeunes bêtes qui y séjournent en pleine liberté et rentrent à volonté sous leurs abris. Ils paraissent tellement s'accommoder de ce régime que j'ai vu par les plus grands froids les bouvillons préférer le séjour de la cour, même la nuit, à celui de l'étable. Cette méthode me paraît excellente ; elle façonne les animaux aux influences atmosphériques, leur donne par conséquent de la rusticité et les développe par les exercices qu'ils prennent. Les vaches et les génisses sont aussi, lorsque la température le permet, laissées libres sur la fosse à fumier de la grande étable où elles sont logées. Cette fosse est couverte en hangar de façon à servir encore d'abri et communique par une porte à la grande étable, comme cela est indiqué sur le plan. Des rateliers, des auges grillées avec trottoirs régnant sur le devant, des bacs à eau , entourent les paddoxes fermés de barrières et ouvrant tous sur la cour intérieure.

Ces dispositions dont M. Lefour a bien voulu dire quelques mots dans son remarquable ouvrage sur la race flamande, sont adoptées aujourd'hui par nos principaux éleveurs.

Grâce à ce système, mes animaux sont à peu près soumis au régime de la stabulation permanente dont je recueille les avantages sous le rapport des engrais, sans avoir les inconvénients du séjour forcé à l'étable. Ce n'est pas cependant que je prive mon bétail de tout pâturage ; il y va dans la bonne saison quelques heures, matin et soir, lorsque la chaleur et la mouche ne donnent pas.

Je lui réserve un pâtis attenant à la vacherie, en attendant que la fauche de la première herbe lui permette de s'étendre dans tous les prés où je ne fais pas de regains à cause du prix élevé de la façon.

Genre d'alimentation. — L'alimentation d'hiver est aussi distribuée dans la vacherie à tous les animaux sous forme de mélanges hachés, comme je le pratique du reste depuis sept ans.

Jusqu'à présent, j'ai surtout nourri avec des mauvais foins, des menues pailles ; à l'avenir les siliques de colza m'offriront encore une ressource.

Autrefois cinq kilos de paille en moyenne étaient distribués à tout le bétail. Aujourd'hui, eu égard à la grande quantité de têtes que j'entretiens sur l'exploitation, je n'en fais distribuer qu'aux vaches et aux génisses, environ cinq kilos par tête.

Je ne donne de carottes qu'aux vaches nourrissant veaux et j'en mélange aux rutabagas pour les génisses. La pulpe entre aujourd'hui plus largement dans l'alimentation générale, grâce à une plus forte production de betteraves. J'ai la conviction que ce résidu convient parfaitement dans l'élevage pour lequel il devient une ressource de premier ordre à cause de son bas prix.

Le hachage des fourrages secs m'a amené à couper également les fourrages verts qui composent pendant l'été la nourriture de mes animaux ; j'y ai trouvé une grande économie et j'ai pu, par ce moyen, passer du sec au vert au moment du changement de saison, sans transition brusque, en faisant des mélanges hachés de sec et de vert. Ce sont les trèfles incarnats, les vesces et plus tardivement le maïs, les secondes coupes de luzerne et de trèfle ordinaire, qui me fournissent le vert donné à l'étable. Ces mélanges sont donnés aux animaux en même quantité de poids que celle indiquée pour l'alimentation d'hiver ; mais ils trouvent de plus un appoint de nourriture au pâturage.

Les reproducteurs sont nourris d'aliments substantiels sous un petit volume, composés de racines et de bon foin auxquels on ajoute trois à quatre litres de farine d'orge ou d'avoine selon l'âge de l'animal.

Les veaux sont élevés au pis de la mère jusqu'à l'âge de cinq et six mois, selon leur force et l'état de la mère dont ils sont éloignés pour ne communiquer avec elle qu'à heures fixes.

Le lait qui n'est pas consommé par les veaux est envoyé à la maison ; je calcule qu'il me faut environ de 28 à 30 litres de lait pour faire un kilo de beurre selon la nature de l'alimentation donnée aux vaches.

Aussitôt le sevrage, ces jeunes animaux sont placés dans les paddoxes.

Nombre de têtes de bétail dans la vacherie. — Le nombre de têtes de bétail s'élève en ce moment à 53 dans la vacherie, déduction de celles enlevées dans les boxes d'engraissement.

Ce nombre se répartit ainsi :

2 taureaux Durham.	*Report* 25
1 taureau Charolais.	9 bouvil. croisés Durham-Charolais.
6 femelles Durham.	
12 femelles Charolaises.	12 bouvillons Charolais.
4 femelles Durham-Charolais.	7 bouvillons de divers croisem. et veaux.
25	Total 53

Prix de revient d'un Bœuf charolais à 3 ans.

Le prix d'un bœuf charolais à trois ans peut être établi ainsi :

1re *année*. — Valeur à la naissance. . 15^{fr} »

Allaitement au lait à huit litres en moyenne par jour, à 0 fr. 8 c. le litre, soit par jour 0 fr. 64 c. et pour cent quatre-vingts jours. 115 20

} 130^{fr} 20

Moyenne établie pour six mois après le sévrage et divisée par un laps de temps présumé de trois mois pour nourriture d'été et trois mois pour nourriture d'hiver.

Eté. — 15 kilos de vert à 0 fr. 01 c. le kilog., soit 0 fr. 15 par jour et pour quatre-vingt-dix jours 13 fr. 50, ci. 13 50

Hiver. — 4 kilog. pulpe à 0 fr. 01 c. soit 0 fr. 04 c. par jour et pour quatre-vingt-dix jours 3 fr. 60 c., ci. 3 60

4 kilos rutabagas à 0 fr. 01 , 60 le kil., soit par jour 0 fr. 06, 40, et pour quatre-vingt-dix jours 5 fr. 76 c., ci. 5 76

2 kilos de foin et menue paille à 0 fr. 05 c. en moyenne le kil., soit 0 fr. 10 c. par jour et pour quatre-vingt-dix jours 9 fr., ci. . . . . 9 »

Service, assurance, vétérinaire et frais généraux. . . . . 20 »
____
182 06

A déduire le fumier : 10 kilos par jour à 0 fr. 01 c. le kil., soit par an, 36 fr. 50 c , ci. 36 50
____
Reste. . . . . . . 145^{fr} 56   145 56

2e *année*. — Pàturages sur 30 ares environ après la première coupe d'herbe, y compris une portion pâturée près la vacherie à 0 fr. 20 c. l'are, ci. . . . . . 6 »

Nourriture d'été. — 20 kil. de vert à 0 fr. 01 c. le kil., soit 0 fr. 20 c. par jour et pour cent quatre-vingts jours 36 fr., ci . . . . 36 »

Nourriture d'hiver. — 13 kil. de pulpe, à 0 fr. 01 c. par jour, soit 0 fr. 13 c., et pour cent quatre-vingts jours 23 fr. 40 c., ci. 23 40

12 kil. rutabagas à 0 fr. 01 c. 60, soit
____
A reporter. 65 40   145 56

Report. . . . . . 65 40 | 145 56

par jour 0 fr. 19 c. 2, et pour cent quatre-vingts jours 34 fr. 56 c. ci. 34 56

6 kil. de mélanges, foin, menue paille
et paille hachée à 0 fr. 05 c. le kil., soit
par jour 0 fr. 30 c. et pour cent quatre-
vingts jours. . . . . 54 »»

Service, assurance, vétérinaire, et
frais généraux. . . . . 20 »»
____
173 96

A déduire le fumier, soit 20 kil. par
jour, à 0 fr. 01 c., ci 0 fr. 20 c. et pour
l'année 73 fr., ci . . . . 73 »»
____
Reste. . . . . . 100 96 | 100 96

3e Année. — Pâturage sur 40 ares
environ, comme il est dit plus haut, à
0 fr. 20 c. l'are, ci. . . . . 8 »»

Nourriture d'été. — Nourriture verte
pendant cent quatre-vingts jours à 30 k.
par jour à 0 fr. 01 c., soit par jour 30 c.
et pour cent quatre-vingts jours.. . . . 54 »»

Nourriture d'hiver. — 15 kilos de pulpe
à 0 fr. 01 c., soit par jour 0 fr. 15 c. et
pour cent quatre-vingts jours. . . . . . 27 »»

15 kilos rutabagas à 0 fr. 01,60 le
kil., soit par jour 0 fr. 24 c. et pour
cent quatre-vingts jours, 43 fr. 20 c. ci. 43 20

6 kilos de mélanges, foin, menue
paille et paille hachée à 0 fr. 05 c., soit
par jour 0 fr. 30 c. et pour cent quatre
vingts jours, ci. . . . . 54 »»

Service, assurance, vétérinaire et frais
généraux. . . . . 20 »»
____
Total. . . . . . 206 20 | 246 52

Fumier à déduire, 25 kil., à 0 f. 01 c.
le kil., soit par jour 0 fr. 25 c. et pour
l'année 91 fr. 25.. . . . . 91 25
____
Reste. . . . . . . 114fr 95 | 114fr 95
____
361fr 47

A cet âge, ce bœuf peut peser environ 650 kilos.

Engraissement du gros bétail. — Je n'engraisse jusqu'à présent
que les bêtes que je réforme, provenant soit de la vacherie,
soit des attelages. Ces animaux que je ne laisse pas vieillir,
n'ont pas été épuisés par la production du lait ou par des travaux excessifs; ils sont donc bien préparés à l'engraissement.
Leur poids moyen peut être évalué pour les vaches, au début

de l'opération, de 480 à 520 kilos; pour les bœufs, de 650 à 700 kilos.

Alimentation du gros bétail d'engraissement. — La nourriture qu'ils reçoivent comme ration journalière donnée en trois fois, varie de 30 à 40 kil. en moyenne selon le poids de l'animal. La pulpe fermentée en fosses et à laquelle je mêle parfois une petite quantité de sel, forme la base de cette alimentation; elle y entre pour 25 à 35 kil.; de la menue paille de blé et de lin pour 1 kil. 500 grammes; du mauvais foin pour 3 kil. 500 grammes. Le tourteau n'est donné, sur quatre mois de durée moyenne de l'engraissement, que dans les deux derniers mois. Je diminue alors un peu la quantité de pulpe selon l'appétit de l'animal; je ne compte pas de paille pour litière, puisque ces animaux ne reçoivent que des litières ayant déjà servi. Cette nourriture revient de 68 à 78 centimes par jour, le haut prix des foins, même médiocres, dans le pays, élevant de quelques centimes ces données.

Si ensuite je voulais déduire la production du fumier à 0 fr. 17, 50 en moyenne par animal, le poids de la litière ne devant pas être compté, j'aurais le prix de revient net de 50 c. 50 à 60 c. 50.

Grasses, les vaches pèsent environ 580 à 650 kilos; les bœufs de 800 à 850 kilos; les génisses que j'ai réformées jusqu'à ce jour n'ont pas été mises à l'engrais, leur entretien étant toujours tel qu'elles peuvent être vendues sans avoir été préparées.

Moutons. — Dès que l'assainissement du sol me le permet, j'entretiens un certain nombre de moutons sur mon exploitation. Achetés pour les parcages comme moyen d'engrais, avec l'engraissement comme but, je ne les conserve qu'un an environ, après en avoir pris la laine quelquefois, obtenu des parcs et un certain bénéfice dans l'engraissement.

Engraissement des moutons. — Je calcule ainsi, et par tête, la dépense de nourriture de trois cents moutons que je viens d'engraisser pendant trois mois, après être restés au parc jusqu'au 20 novembre.

    1,500 grammes de pulpe.
     750   *id*.   de topinambours.
     750   *id*.   de menue paille et paille de lin.

  3 k. 000 g.

	0fr	03c	75
3 kilos pour le total à 0 fr. 01 c. 25 ou en moyenne le kil., ci.	0fr	03c	75
1 kil. de paille à 0 fr. 04 c., ci	0	04	,,
Ensemble	0	07	75
Déduisant 0 fr. 02 c. 50 pour le fumier	0	02	50
L'engraissement sans tourteaux m'est revenu à 0 fr. 05 c. 25, ci.	0	05	25

Il faut remarquer que ces moutons qui avaient encore une

dent de lait ont pu profiter rapidement, et qu'il y a ainsi toujours avantage à opérer sur des animaux encore jeunes. Les moutons que je conserve consomment moins de provende, mais plus de paille.

Je pourrais dire qu'aucune maladie contagieuse n'a sévi encore dans mes étables, si, il y a deux ans, la péripneumonie, introduite dans le pays par des animaux de passage, n'avait pénétré chez moi.

Guérison de la péripneumonie par l'inoculation. — Elle s'était d'abord déclarée, vers le mois d'octobre 1857, sur deux bœufs de travail dans les étables de mon père à Lafeuillée où M. Delafond, professeur à l'école impériale vétérinaire d'Alfort vint pratiquer l'inoculation sur plus de 60 têtes de bétail. Dans ce nombre il en mourut seulement trois fortement contagionnés au moment de l'opération ; quelques-uns dont la maladie était moins avancée, guérirent, et l'inoculation préserva complètement les autres, car la maladie avait disparu tout-à-fait. Quelques mois se passèrent avant qu'elle parût chez moi, quand deux vaches du pays placées dans une étable heureusement isolée de mon noyau d'élevage tombèrent malades. Reconnues péripneumoniques, j'attendis que la maladie fût à son paroxisme pour me procurer du virus dans de bonnes conditions en les faisant abattre. Fort du beau succès obtenu chez mon père et aussi d'après les conseils de M. Delafond, je fis inoculer tout le bétail par M. Valissant, mon vétérinaire. Les même résultats confirmèrent ici l'efficacité du remède puisque je n'eus plus également de nouveaux cas de péripneumonie à constater.

Comptabilité. — Ayant eu tant à faire jusqu'ici, mes comptes tenus en partie simple n'ont pas été séparés de mes affaires personnelles ; mais j'en ai extrait des tableaux qui pourront faciliter le contrôle de mes travaux antérieurs, et ma comptabilité, spécialement agricole, est maintenant établie en partie double.

J'ai été de bonne heure initié par mon père, dont je suis le collaborateur, aux travaux agricoles et industriels auxquels j'ai voué mon existence. L'exploitation qu'il a créée est une des plus importantes du pays où il a introduit, un des premiers, les racines dans les assolements réguliers.

Création de la Sucrerie de Lafeuillée en 1837. — En effet, dès 1837, mon père avait reconnu la nécessité d'annexer à sa ferme la fabrication du sucre qui est devenue la principale industrie de notre contrée où il s'est toujours tenu au niveau des progrès agricoles.

C'est un peu plus tard qu'élevé à cette bonne et solide école, je résolus de former moi-même, près de l'usine de mon père, l'exploitation qui fait aujourd'hui l'objet du présent mémoire.

Henri CARETTE.

Mémoire de M. MALÉZIEUX,

cultivateur à Voharies, près Marle.

Renseignements généraux.

Sol. — Le sol arable de ma culture est en grande partie argileux, un tiers argilo-siliceux, et un vingtième calcaire.

Le sous-sol se compose de marne dans tous les terrains élevés et de gravier et glaise dans les autres.

Le climat est sain et modéré.

Les sources sont nombreuses, les eaux contiennent une assez grande quantité de carbonate de chaux.

Marchés. — Les plus rapprochés sont ceux de Marle et Vervins ; le premier est à 6 kilomètres, le second à 10 kilomètres ; la ligne vicinale 37 et la route impériale n° 2 y conduisent. Il y a, dans chacune de ces villes, une agence par semaine pour la vente des grains sur échantillons, par l'entremise de facteurs ; mais, comme je suis propriétaire d'un moulin à farine que j'exploite moi-même, je vends à mon usine les blés provenant de ma ferme, et les autres grains aux agences précitées.

Tous les autres produits, espèces ovine, bovine, porcine et de basse-cour, sont vendus à la ferme sans déplacement.

Main-d'œuvre. — La journée d'homme, 1 fr. 50 en hiver, et de 2 fr. à 2 fr. 50 en été. La journée d'une femme, 0 fr. 80 c. en hiver, et de 1 fr. à 1 fr. 25 en été.

Tous les domestiques attachés au service de la ferme sont nourris et reçoivent en moyenne, pour salaire d'une année, 180 fr. et 8 hectolitres de blé froment.

Production du pays. — Elle est tout agricole.

Je cultive principalement les céréales, les plantes oléagineuses et fourragères.

J'entretiens depuis longtemps un troupeau de race métismérinos de 1,000 à 1,200 bêtes ; j'élève chaque année environ trois cents agneaux et je vends, sans les engraisser, les mâles à l'âge de deux ans et demi, ainsi que les brebis de réforme qui sont impropres à la reproduction.

Étendue de la culture. — Les terres ne sont pas closes, mais une partie de six hectares de prairies naturelles est fermée par des barrières, des haies, et sert de pâturage aux vaches et aux poulains.

Ma culture qui, en 1855, ne comprenait que 264 hectares 56 ares, se compose aujourd'hui de 316 hectares 56 ares ; je fais observer que dans ce chiffre sont compris 31 hectares 34 ares de sol de bois, dont le quart a été mis en culture en 1856 ; le second quart en 1857, et les deux autres le seront cette année.

Ces 316 hectares 56 ares se subdivisent en cent vingt-trois parcelles qui sont limitées par des bornes de grés.

Je fais valoir par moi-même et avec l'aide d'un surveillant qui est attaché à mon service depuis vingt-deux ans ; cet homme est un modèle de dévouement et de probité.

Je suis propriétaire de 116 hect. 15 ares.)
Fermier de ma mère de 94 » 55 » } 316 hect. 46 ares.
   Id. d'autres prop. 105 » 76 »)

Capital. — Le capital employé pour la culture comprenant les chevaux, les animaux des espèces ovine, bovine et porcine, les voitures et tous les instruments aratoires, s'élève à la somme de . . . . 50,655 fr.

Faut-il y ajouter la valeur de la ferme que j'estime au minimum à . . . . 55,000 fr.

Quantité de terres en culture arable. — Compris le sol du bois qui sera mis en culture cette
année . . . . 279 hect. 86)
Prairies et Pâtures. . . . . . 36 id. 70 } 316 hect. 46 ares.

Bâtiments. — Ils sont pour la plupart construits en briques et tous couverts en ardoises ; j'en ai fait construire une partie ainsi que la moitié du corps de logis.

Moyens de transports. — Ils se font avec des chariots ; mais pour les fumiers consommés et pesants, je me sers de tombereaux.

Assolements. — Biennal pour les terres de bonne qualité dont l'accès est facile, et triennal pour les autres, c'est-à-dire que, dans la première catégorie, je fais des blés tous les deux ans, et, dans la seconde catégorie, tous les trois ans.

Engrais. — Je convertis toutes les pailles en engrais, même celles des graines grasses que je fais briser sur le passage des animaux dans la cour, et mélanger ensuite avec les fumiers d'étables et bergeries. Deux fois par semaine, je fais épandre de la cendre noire sur les fumiers pour empêcher l'évaporation de l'azote, et je les fais arroser pour en activer la fermentation.

Ces fumiers sont charriés tous les mois, si le temps le permet et s'il y a des terres disposées à les recevoir ; parfois, il faut attendre plus longtemps, jusqu'à ce que l'enlèvement de la récolte permette de trouver place à l'engrais qui attend plus souvent la terre que cette dernière ne le réclame.

L'étendue de la cour ne permettant pas d'y laisser tous les engrais, lorsqu'il n'y a pas de terres libres, j'en fais des tas sur les terres ensemencées qui sont destinées à les recevoir après l'enlèvement de la récolte; je les fais disposer de la même manière que dans la cour.

De 1848 à 1854, je n'amendais en fumier que 48 hectares, et en parcage que 15 à 18 hectares; de 1855 à 1857 inclusivement, je parvins, par suite de l'accroissement de mes récoltes, à fumer 12 hectares de plus chaque année.

J'ai fait marner la majeure partie des terres; quelques-unes l'ont été deux fois depuis vingt ans; la dose varie, suivant la nature du sol, de 1,000 à 1,200 hectolitres à l'hectare et coûte six centimes l'hectolitre, soit une dépense de 60 à 72 fr. par hectare, qui se trouve souvent payée par l'accroissement des récoltes dans les deux ou trois années suivantes; il est bon de renouveler le marnage dans les terrains identiques aux miens, tous les quinze ou vingt ans; cette opération a aussi pour but efficace d'alléger le sol et d'en faciliter la culture.

J'emploie de 12 à 1,400 hect. de cendres noires pour engrais; elle coûte, prise aux cendrières, 40 centimes l'hectolitre; une partie sert à la préparation des fumiers, et la plus forte partie est semée, mélangée avec la colombine, sur les prairies artificielles et naturelles. Je fais aussi des composts de fumier, cendres et chaux éteintes.

J'ai fait, au printemps de 1857, l'essai comparatif entre le guano et la cendre noire, sur un champ ensemencé, le prenant en travers, partie en chanvre, partie en betteraves. Je fis semer sur 60 ares en chanvre et betteraves, 100 kil. de guano que j'avais payé 39 fr., pris à Marle; sur la contre-partie, je fis épandre à la pelle dix hectolitres de cendres noires, à 60 c. l'un, transport compris, 7 fr. 50 c.; l'un et l'autre engrais a été recouvert par un tour de herse, et, contre mon attente, je n'ai jamais pu apercevoir une différence pendant la végétation, et le produit à la récolte a été exactement le même.

Drainage. — Je n'avais qu'une très-petite partie de terre ou cette opération fût nécessaire, et, dès 1844, à défaut de tuyaux, je fis drainer trois hectares avec des cailloux, en plaçant les plus gros à la main dans les rigoles de 90 centimètres de profondeur, de manière à former un essor, et remplissant ensuite avec les petits pour former une épaisseur de 35 à 40 centimètres.

Le prix de revient était de 40 centimes par mètre courant; en 1854, j'ai fait drainer sept hectares avec des tuyaux dans les parties seulement nécessaires; la dépense totale s'est élevée, pour cette partie, à 850 fr.; le mètre courant a coûté vingt-et-un centimes pour pose et fourniture de tuyaux, sans le transport.

L'effet produit par l'un et l'autre mode de drainage est le même; le dernier est préférable sous le rapport de l'économie.

J'obtiens maintenant de fort belles récoltes dans les terrains drainés où les récoltes, principalement celle d'automne, ne réussissaient auparavant que très imparfaitement.

Labours. — Mes instruments aratoires se composent de cinq

brabants doubles , à 225 fr. l'un , ci. . . . . 1,125 fr. ,,
Huit charrues du pays, à 100 fr. l'une. . . . . . 800 ,,

1,925 fr. ,,
Trois scarificateurs , à 140 fr. . . . . 420 ,,
Sept herses à dents en fer, à 65 fr. . . . . . . 455 ,,
Huit à dents en bois, à 18 fr. . . . . 144 ,,
Quatre rouleaux, à 75 fr. . . . . 300 ,,
Instrument pour épandre les taupinières . . . 80 ,,
Un semoir. . . . . 150 ,,

3,474 fr. ,,

J'emploie les brabants doubles dans tous les terrains où il n'y a pas trop de cailloux ; pour ceux-ci , je suis obligé de me servir de la charrue du pays avec fer rond à pointe très-longue et acérée.

Il faut quatre chevaux pour donner un bon labour ; les autres instruments en réclament aussi quatre.

Les derniers labours varient en profondeur de 16 à 24 cent., suivant la nature du sol qui est très-varié ; tous se font par planches, et l'on ne cesse de labourer que lorsque tout est empouillé , pour cause de trop d'humidité ou de sécheresse trop prolongée.

Pour la bonne préparation de la terre , il me faut des herses de différents genres, des scarificateurs et des rouleaux très-forts.

Semences. — Toutes se font à la main , à l'exception des betteraves, des féverolles et d'une partie des colzas.

Une grande partie des semences est recouverte par la herse; une partie des blés et presque toutes les féverolles sont enfouies sous raies.

Les semences de printemps se font aussitôt que la température le permet, à partir du commencement de mars.

Je sème les avoines noires jusqu'au 10 avril ; plus tard, je donne la préférence à l'avoine jaune.

Les semences d'automne commencent vers le 15 septembre pour les seigles, escourgeons, jarrots et hivernaches ; les blés, du 1er au 25 octobre; il ne reste souvent, à cette époque, que les places de betteraves.

Les blés de semence sont lavés dans un cuvier à l'eau de chaux avec addition de sel ; l'écume en est soigneusement extraite, et, après l'avoir fait égoutter dans une corbeille placée au-dessus d'un autre cuvier, on le remet sur le plancher pour l'y laisser sécher.

Par ce procédé, je n'ai jamais eu de blés mouchetés.

Entretien et culture des plantes pendant leur croissance. — Je fais sarcler à la main tous les colzas aussitôt qu'ils sont levés, afin de ne pas les laisser trop serrés ; je donne de 18 à 20 fr. de l'hectare pour une fois.

Je fais aussi très-souvent sarcler les féverolles.

Je donne aux betteraves quatre sarclages pour 55 fr. de l'hectare, et deux sarclages aux pommes de terre.

Moisson. — Je prends autant d'ouvriers que possible, faucheurs et piqueteurs ; je leur donne, pour les blés, 150 litres de blé à l'hectare, et, pour toutes les autres récoltes, 15 litres, soit pour couper et lier, soit pour couper, faner et mettre en petites meules, et aussitôt que des récoltes sont bonnes à rentrer, cette opération est faite avec la plus grande célérité ; je fais pour cela trois brigades de voitures dont deux de trois voitures ramènent aux granges, et une autre brigade, de deux ou trois voitures, pour faire une meule.

Je donne 30 fr. de l'hectare pour arrachage et chargement de racines, dont une partie est logée dans les celliers, le surplus mis en silos.

Les vivres sont logés, une partie dans les greniers au-dessus des bergeries, contenant environ soixante voitures ; une partie dans les granges, contenant ensemble environ cent cinquante voitures, et le surplus est mis en meule d'une vingtaine de voitures.

Une grande partie des blés est logée dans les granges contenant ensemble la récolte d'environ 58 hectares, suivant la hauteur de la paille ; le surplus est mis en meules ainsi que les avoines dont une partie est logée en place du premier blé battu.

Battage. — J'ai pour battre les blés et avoines la machine Duvoir ; elle a un moteur hydraulique à 35 mètres de l'endroit où elle fonctionne ; il sert en même temps à faire mouvoir les hache-pailles et les coupe-racines, et en son temps le moulin à pommes.

Par la situation de la batteuse au centre des granges, on y amène à peu de frais les gerbes qu'elles renferment ; les plus éloignées de la machine en sont approchées par les domestiques de labour pendant les mauvais temps d'hiver.

Pour me procurer une chûte sur le cours d'eau qui se trouve indiqué sur le plan, j'ai dû faire curer des graviers en aval, et, après avoir obtenu la chûte nécessaire (1 mètre) et 'autorisation de l'administration supérieure, j'ai fait construire un barrage en maçonnerie pour servir à la retenue de l'eau.

La dépense, pour ces divers travaux de curage, déblais, construction de barrage et maçonnerie pour la pose de la turbine, s'est élevée à. . . . . 3,092 fr. » »

Le moteur et les arbres de couche . . . . 1,200 » »

Total des travaux hydrauliques et du moteur. 4,292 fr. » »

Par comparaison des frais occasionnés par une machine à battre, mue par des chevaux, je compte, eu égard à l'amortissement, l'intérêt du capital ci-dessus à 10 %, soit, 429 fr. » »

Dans l'autre cas, la dépense annuelle se serait élevée, savoir :

Nourriture de deux chevaux , à 2 fr. 50 c., ci.   912 fr. 50
Perte annuelle sur la valeur des chevaux. . .   100   »»
Intérêt à 10 °/₀ sur la dépense du manège. . .   40   »»

                      Total. . . . 1,052 fr. 50

Il résulte des chiffres ci-dessus, et sans tenir compte des nombreuses difficultés que j'ai eues à surmonter pour l'établissement d'un moteur hydraulique, qu'il me procure annuellement un avantage de 50 °/₀ et plus, et que je puis en outre faire un tiers plus d'ouvrage qu'avec des chevaux qui ont besoin de reprendre haleine plusieurs fois pendant le travail.

Renseignements sur la culture des plantes alimentaires et autres. — Je ne fais pas de jachères mortes.

Les blés succèdent à une récolte de plantes oléagineuses et fourragères, de racines et de prairies artificielles, récoltées ou mangées en vert par le troupeau.

Aussitôt l'enlèvement des récoltes , la terre reçoit un léger labour , puis hersée et roulée plusieurs fois ; après les féverolles et dravières, je ne me sers souvent que du scarificateur.

Après cette première préparation , je donne un profond labour sur lequel on passe le rouleau , afin que la terre ne se sèche pas intérieurement et mûrisse, pour me servir du terme usité , en attendant le moment de la disposer à recevoir la semence.

Je sème les colzas du 10 au 30 juillet , après les prairies artificielles mangées sur place par le troupeau ; la terre reçoit au fur et à mesure la culture nécessaire de l'engrais de fumier ou de parcage.

J'ai quelquefois fait des plants de colza pour repiquer ; mais la main-d'œuvre devenant rare et chère, j'y ai renoncé provisoirement , d'autant plus qu'ils ne m'ont jamais donné autant de grain que les colzas semés et laissés sur place dans les conditions qui précèdent ; ceux-ci m'ont rendu , depuis plusieurs années, en moyenne, 30 hectolitres à l'hectare.

Je sème une partie des trèfles dans les blés , et afin d'en assurer le succès, je fais passer une herse en fer arrière-dents pour enterrer la graine et rouler ensuite ; cette opération, loin de nuire au blé, en développe la végétation.

Je me trouve aussi très-bien de faire passer les rouleaux sur tous les blés aussitôt que la terre est assez sèche ; elle ne pêche jamais que par ne pas être assez tassée.

Arbres à cidre. — Ils ont tous été plantés par mon père ; j'ai dû en faire greffer une grande partie; je les fais tailler et émonder chaque année ; ils m'ont donné en moyenne la boisson nécessaire aux ouvriers de la ferme, en conservant l'excédant de cidre des années d'abondance dans des fûts de six hectolitres. J'ai en outre parfois vendu des pommes.

Chevaux. — Il y a dans ma ferme deux races de chevaux ,

la plus nombreuse, bonne espèce du pays, améliorée par le Percheron et le Boulonnais, l'autre Anglo-Normand, et continuation de croisement avec des juments provenant de la guerre et de mes élèves ; tous sont employés aux travaux de la culture, et, s'il m'est permis de donner mon avis sur le mérite de l'une ou l'autre race pour ce genre d'occupation, je donnerai la préférence aux chevaux de race améliorée par le croisement des Anglo-Normands.

Ils sont de robes diverses, les uns gris ardoise, les autres gris pommelé et blanc, les Anglo-Normands bai et alezan; leur taille varie entre 1 m. 54 et 1 m. 60 ; les plus forts sont employés aux charrois les plus difficiles d'engrais et autres, et les juments poulinières aux travaux des champs.

La production des chevaux dans ma ferme a toujours été assez importante ; le cheval de trait et celui de sang y ont été élevés ensemble, l'un plus particulièrement pour l'entretien de l'écurie, l'autre pour la vente au commerce et le plus souvent à la remonte.

Par suite de l'augmentation de ma culture, j'ai acheté, en janvier 1857, des poulains et pouliches de bonne race Boulonnaise pour l'amélioration des chevaux de ma ferme.

Étalons. — J'ai pour le service de ma maison et le public deux étalons de trait, l'un Percheron, l'autre Boulonnais, et trois étalons demi-sang, approuvés et primés par la commission départementale et des haras.

Les étalons de trait m'ont coûté 3,200 fr., et ceux de demi-sang 9,000 fr.; ils étaient âgés de 4 ans, à l'exception du Percheron qui était hors d'âge.

Les étalons commencent ordinairement la monte à 4 ans, et je fais saillir les juments de 3 à 4 ans.

Poulains. — Les poulains de trait, à l'âge de 2 ans, varient de 5 à 600 fr. ; les croisements ne se vendent pas souvent avant 4 ans, soit au commerce, soit à la remonte, au prix de 600 à 1,000 fr., suivant mérite; on n'élève avantageusement ces derniers qu'autant qu'à l'aide de bons soins on les amène à cet âge sans vices et sans tares.

Le prix des chevaux de trait de 5 à 6 ans varie de 6 à 800 fr. Les bonnes poulinières sont plus rares que les chevaux hongres.

Les poulains de 4 à 6 mois valent 2 à 3,000 fr.

En hiver, mes poulains reçoivent une ration de quatre à six litres d'avoine par jour, suivant leur âge.

En été, du 1er mai au 1er novembre, ils vivent dans les pâtures où j'ai fait construire une écurie, et ils y reçoivent de la paille et un peu d'avoine à l'arrière saison; par ce système, j'élève à moins de frais, et les poulains sont plus dociles et, au début du travail, résistent mieux que ceux élevés à l'écurie.

Les écuries sont saines, vastes et bien aérées; elles sont solidement construites en briques.

Nourriture des chevaux. — Avoine, foin, luzerne ou trèfle, hachés, distribués et préparés de la manière ci-après :

Les vivres et pailles coupés, sortant du hache-paille, tombent dans un bâtiment où ils sont mélangés vingt-quatre heures avant le repas, avec addition proportionnée pour chaque cheval, de 4 kil. moitié son, moitié avoine concassée, et de 2 kil. de sel par mélange.

Les chevaux font trois repas, du 1er mars au 31 octobre ; ils reçoivent à chaque repas, par tête : avoine . . 1 kil. » » » gr.

Mélange de hachis, 2/3 paille et 1/3 vivre. . 2   750

Foin, luzerne ou trèfle. 1   250

Non compris la paille pendant la nuit. — Total. 5 kil. » » » gr.

Ils sont étrillés à chaque repas ; mais chaque domestique, ayant cinq chevaux à panser, ne peut toujours le faire aussi bien qu'on le demande.

Les auges sont pourvues d'un ratelier mobile qui est abaissé dessus pendant que les chevaux mangent le hachis, afin qu'ils ne le jettent pas à terre.

Les chevaux travaillent en été douze heures, et en hiver sept heures en moyenne ; les poulains sont attelés à l'âge de trente ou trente-six mois.

Espèce bovine. — Pour l'amélioration de l'espèce bovine, j'achète des taureaux de race Flamande vendus par le Comice.

Pour essai, j'ai acheté, fin de l'année 1856, quatre bœufs que j'emploie à tous les travaux de la culture ; ils sont ferrés et travaillent comme les chevaux par le collier ; je suis content de leur service et de l'économie de leur nourriture ; j'en aurais plusieurs attelages, si les bons conducteurs de ces animaux étaient plus faciles à trouver.

Les veaux sont livrés à la boucherie à l'âge de quinze jours. Les vaches donnent en moyenne chacune dix litres de lait par jour ; en hiver, elles sont nourries de betteraves coupées et fermentées avec de la menue-paille, très-peu de trèfle et de la paille d'avoine ; au printemps, elles vont le jour dans les pâtures et rentrent le soir à l'étable où elles ne reçoivent que de la paille pendant la nuit.

Le lait est employé à faire du beurre et des fromages ; vingt-quatre litres de lait suffisent pour faire huit fromages façon Maroilles, et il faut vingt-cinq litres de lait pour 1 kil. de beurre; une partie de ce dernier est consommée dans la maison, et le surplus vendu aux habitants de la commune à 2 fr 25 le kilog.; tout le fromage Maroilles et celui qui provient de petit lait est aussi consommé dans la maison ; les résidus de beurre et fromage servent à la nourriture des jeunes porcs.

Je n'engraisse pas les vaches ; je trouve autant d'avantage à les vendre aux nourrisseurs, soit pour le lait, soit pour l'engraissement dans les pâturages.

Béliers et espèce ovine. — Tout mon troupeau est de la même race , forte branche métis-mérinos; il est en moyenne de 1,100 têtes.

Pour l'amélioration , je loue les béliers des meilleurs troupeaux du pays ; j'en élève aussi quelques-uns, dont je me sers quelques fois, ou que je vends.

Les bergeries sont saines et bien aérées; celle des mères est double, et aussitôt que les agneaux commencent à manger, on les retient en faisant sortir les mères, et on les fait passer dans la bergerie contiguë où ils reçoivent , pour le premier repas, un mélange de son, avoine et orge, et pour le second, du trèfle de première coupe; après chaque repas, ils rentrent avec les mères pour être allaités, et d'autres bêtes sont introduites par une porte extérieure à la place des agneaux pour ramasser le peu de nourriture qu'ils ont laissé.

Aliments et régime. — Pour le premier repas, tout le troupeau reçoit le matin une ration de vivres variés de jour à autre, environ cinq kilog. pour dix têtes ; à neuf heures, de la paille qui sert ensuite à faire la litière ; à dix heures, troisième et dernière distribution, pour tout le troupeau, d'un mélange disposé quarante-huit heures à l'avance et composé pour chaque tête :

Son . . . . » kil. 250 gr.
Betteraves et carottes coupées, 1   » » »

Avec addition d'une forte partie de menue paille, cette nourriture leur est distribuée dans des auges en pierres ou en planches ; les mères reçoivent en outre , dans des rateliers , une ration de dravières secouées ou autres vivres ; les autres bêtes , de la paille. Je mets dans la bergerie plusieurs pierres de sel gemme et m'en trouve très-bien.

L'eau arrive dans la plus grande partie des bergeries par des conduits du jet d'eau, ou au moyen d'une pompe dans les autres.

Ce genre de nourriture est continué jusqu'à ce que le troupeau puisse vivre dans les prairies artificielles ; alors il ne reçoit que de la paille soir et matin jusqu'au 10 juin , époque à laquelle il commence à coucher au parc.

Les agneaux naissent en décembre et janvier ; on commence à les séparer des mères à l'âge de six semaines , et ils sont sévrés tout-à-fait à l'âge de trois mois.

Les toisons sont lavées à dos et pèsent en moyenne 2 kil. 125 grammes, sans la laine d'agneaux.

L'entretien de chaque tête coûte annuellement, non compris la valeur de la paille qui est convertie en engrais :

Pour les agneaux. . . . . 07 c.
Pour les mères. 06
Pour les antenais 05

Je vends après la tonte les moutons de 2 ou 4 dents de 30 à 33 fr. la paire, et les brebis de réforme de 20 à 25 fr.

Depuis plusieurs années, j'ai vendu mon lot de laine de 5 fr. 60 à 6 fr. le kil.

En 1835 et en 1855, j'ai perdu presque tous les agneaux du tournis, sans en avoir pu trouver la cause, quoique ayant toujours pris les mêmes précautions; car, pendant les chaleurs, le troupeau est toujours rentré de dix à onze heures et ne sort pas avant quatre heures; l'été dernier, à cause des chaleurs excessives, je lui ai fait distribuer à la bergerie une ration de fourrage vert.

Porcs. — L'élevage du porc et l'amélioration de sa race a toujours été l'objet de mes soins; après différents essais, je me suis arrêté au croisement de l'Artesien-Normand avec les Berkschire.

J'ai toujours vingt truies pour la reproduction; elles sont séparées au moment de mettre bas et reçoivent une nourriture de pommes de terre et recoupes, avec addition de petit lait jusqu'au moment du sévrage de leurs petits que je vends à l'âge de quarante jours de 10 à 15 fr., suivant les variations des cours. A la fin de chaque année, époque à laquelle la vente en est moins avantageuse, j'en élève de quarante à cinquante pour être engraissés l'année suivante, à partir du 1er novembre.

J'ai un homme tout exprès pour les soins que réclame le troupeau; il le conduit, lorsque le temps le permet, de six à sept heures, dans les champs libres où il peut trouver quelque nourriture, et le soir il lui distribue un breuvage de recoupes.

Pour engraissement, je les nourris pendant soixante-quinze à quatre-vingt-dix jours avec des remoulages et farine brute de seigle et orge; je les vends ensuite au poids vif pris et pesés chez moi; leur poids varie de 150 à 200 kilos.

Dépense pour la nourriture et les soins. — Je suis obligé pour alimenter ce troupeau, d'acheter à mon usine 30,000 kilos d'issues, à 11 fr. 0/0. . . . . 3,300 fr. »»
Seigle et orge, 25 kilos, à 15 fr. . . . . 875 »»

3,675 »»
Salaire et nourriture du gardien. . . . . 500 »»

Total. . . . . 4,175 fr. »»

Produits. — Vente de chaque année, en moyenne:
300 petits, à 12 fr. l'un, moyenne. 3,840 fr. »») 8,840 fr. »»
40 porcs gras, à 125 fr. . . . . . 5,000 »»)

Produit net. . . . . 4 665 fr. »»

Non compris la valeur de l'engrais qu'ils laissent.

Oiseaux de basse-cour. — L'espèce galline se compose de 300 poules ou coqs, race Gauloise ordinaire, qui sont logés dans des poulaillers chauds, afin que le froid n'arrête pas la ponte en hiver.

Tous les ans au printemps, on élève 150 à 200 poulets pour l'entretien de la basse-cour et la consommation ; le surplus des coqs est vendu au prix de 3 fr. la paire ; les œufs se vendent 6 fr. le cent en moyenne.

L'élève d'une paire de volailles, à huit mois, a coûté 1 fr. 50 et se vend 3 fr.

Comptabilité. — La comptabilité est en partie simple.

Elle consiste dans l'inscription, d'un côté, de toutes les recettes des ventes des produits de la ferme et, de l'autre, dans les dépenses faites.

Voharies, le 28 février 1858.　　　　　MALÉZIEUX.

Mémoire de M. CAUDRON-GORET,

Sur la ferme de Fontenelle, près La Capelle.

Monsieur le Préfet,

Une prime d'honneur doit être décernée en 1859 à l'agriculteur du département de l'Aisne dont l'exploitation sera la mieux dirigée et qui aura réalisé les améliorations les plus utiles. Permettez-moi de présenter au Concours ma ferme de Fontenelle, d'une contenance de 81 hectares.

J'ai acheté cette propriété en 1836 d'un sieur Dooms de Lessignes (Belgique), moyennant 113,500 fr. Elle faisait partie de la forêt Haie-Équiverlesse, vendue en 1832 par le Gouvernement à MM. Deleau et Berat. L'ayant défrichée et mise en culture, je lui fis rapporter quelques avoines et y introduisis de la marne. Puis, voulant la convertir en prairie, je semai, dans la dernière avoine, des graminées provenant des meilleures herbages du pays. Le gazonnement se fit bien et vite.

La couche arable de la propriété est un limon argileux, le sous-sol est composé d'une argile dure reposant sur la marne. Aucune source ne s'y rencontre, seulement le petit ruisseau du Noirieux coule à une distance de 300 mètres.

Cette propriété, située sur Fontenelle, commune du canton de la Capelle, est à 2 kilomètres du Nouvion où deux marchés ont lieu par semaine et une foire chaque mois. Un chemin de grande communication, ligne n° 23 du Nouvion à Avesnes, la traverse sur son extrémité sud. La route impériale n° 39 en est à 1 kilomètre, le canal de Sambre-et-Oise à 7 kilomètres et le chemin de fer d'Erquelines vers Landrecies à 13 kilomètres. La main-d'œuvre dans la contrée suffit aux besoins de la culture ; seulement elle a éprouvé une augmentation sensible depuis quelques années. Aujourd'hui, la journée d'un homme se paye, du 1er mars au 1er octobre, 1 fr. 75 c.; du 1er octobre au 1er mars, 1 fr. 25; on donne 1 fr. à la femme.

Le domestique de ferme gagne de 300 à 350 fr.

Presque toutes les communes qui avoisinent le Nouvion cultivent exclusivement l'herbage, et depuis 20 ans cette culture a pris une extension qui ne peut que se développer encore.

Tout porte à croire que, dans un temps donné, la prairie naturelle envahira une grande partie du Nord de la France ;

voilà pourquoi je crois utile d'entrer ici dans quelques détails sur les différents systèmes employés pour convertir une terre labourable en prairie.

Trois moyens sont adoptés et suivis par les propriétaires de nos contrées :

Le premier est de laisser faire à la nature les frais de l'établissement de la prairie et d'accepter les plantes qui se présentent spontanément après l'enlèvement des récoltes. Cette manière de faire est ce qu'on appelle l'ancienne école : sa pratique simplifie le travail, mais présente des inconvénients graves; car, parmi les plantes qui croissent d'elles-mêmes, il s'en trouve toujours un grand nombre, peu ou pas fourragères et qui finissent, si l'on ne met obstacle à leur envahissement, par étouffer les herbes utiles. Ce n'est qu'à force de soins et d'engrais qu'on parvient alors à les faire disparaître et l'on paie largement l'économie qu'on a voulu faire des graines nécessaires et des frais de culture.

Le deuxième moyen, que j'appelle la nouvelle école, est celui-ci : A l'automne, sitôt l'enlèvement des récoltes, on laboure le champ qu'on se propose de mettre en prairie. Au printemps on couvre la terre d'un engrais et on laboure de nouveau. Enfin, on poursuit cette terre tout l'été en hersant d'époque à autre afin de détruire les mauvaises herbes qui se présentent et d'arriver au parfait ameublissement du sol. En septembre, on rend un dernier labour, on sème, herse et roule, et l'on obtient par ce travail un gazon pur, abondant et d'un facile entretien; mais on comprend les frais considérables auxquels on est entraîné par ce système de conversion, et quoique parfait dans ses résultats, j'ai dû y renoncer comme trop dispendieux.

Ce que je fais est plus simple et n'emprunte rien aux deux méthodes que je viens d'exposer.

C'est toujours après un mars (avoine ou féverole) que je fais la conversion d'une terre en prairie, et pour cela je sème, quinze jours après l'avoine ou la féverole, des semences de foin provenant tout simplement des greniers du pays; puis je roule aussitôt de manière à appuyer fortement le sol. Le mars récolté, je jette sur le gazon naissant un engrais liquide ; je continue ce lavage régulièrement une fois l'année (ce qui est facile en liquifiant la fiente des bœufs de l'herbage), et immédiatement j'arrive à améliorer la pâture par la pâture, sans autres frais que la confection du purin qui me coûte, d'après l'état donné plus loin, 05 centimes de l'hectolitre.

L'engrais liquide, voilà le principal et presque l'unique moteur de mes exploitations, le moyen puissant d'action qui m'a permis de créer la prairie vite, bien, avec économie ; et qu'on le sache bien, l'engrais liquide est la plus grande richesse de l'agriculture, la partie la plus active des forces dont elle dispose; avec cette ressource bien ménagée, les engrais sont quadruplés, les récoltes toujours abondantes, et j'ai la conviction profonde que le jour où la France agricole comprendra bien l'emploi de cette mine précieuse et inépuisable, la disette deviendra impossible et le bien-être général. Eh ! ne gémissons-nous pas en voyant à chaque pluie ces ruisseaux de purin qui s'échappent de nos exploitations et vont se perdre dans nos fleuves et rivières? Eh bien! ce que les eaux du ciel entraînent, c'est l'avenir des récoltes, l'essence des engrais, le trésor de la ferme. Et le cœur se désole en songeant qu'il suffirait d'une citerne et d'une meilleure disposition des écuries et cours pour recueillir ces ressources précieuses.

Ces améliorations que j'appelle de tous mes vœux dans l'intérêt général, la commission nommée pour visiter les exploitations admises au concours les trouvera réalisées chez moi, et je dois ajouter qu'elles m'ont valu déjà en 1853 une médaille d'or du comice agricole de Vervins. Enfin M Lefour, inspecteur général de l'agriculture, frappé des avantages et de la simplicité de mon système d'exploitation, en rend compte dans un ouvrage publié recemment, adressé à M. le Ministre de l'agriculture, dans les termes suivants :

« Les bœufs dans l'herbage n'exigent d'autre soin que celui
» de les changer de pâture ; un petit abreuvoir dans chaque en-
» clos est mis à leur disposition ; il se trouve çà et là un poteau
» auquel ils se frottent ; on les visite chaque jour pour vérifier
» s'ils sont en bonne santé ; quand l'animal s'isole, qu'il ne s'é-
» tire pas les membres quand on le fait lever, qu'il ne mange pas
» ou broute à peine, le gardien doit y voir autant de symptômes
» qui appellent un examen plus attentif de la bête. On enlève
» assez ordinairement les fientes qui salissent la pâture et pro-
» duisent ces touffes dédaignées par les animaux ; M. Caudron,
» du Nouvion, fait exécuter cet enlèvement d'une manière ré-
» gulière et qui nous a paru fort intelligente.

» Tout le monde sait que le bétail en pâture affectionne spé-
» cialement quelques places de l'herbage qu'il rase de beaucoup
» plus près ; tandis qu'il en dédaigne d'autres où l'herbe croît,
» durcit et forme des touffes appelées refus, qu'on est quelque-
» fois obligé de faucher ; les places souillées par les excréments
» de l'animal sont surtout l'objet de cette répugnance. Plus on
» laisse séjourner les excréments sur le sol, plus l'herbe, très-
» vigoureuse d'ailleurs, contracte cette saveur que repousse
» l'anima. Pour parer à cet inconvénient voici le procédé suivi
» par M. Caudron :

» Dans les herbages, une femme est continuellement occupée
» à ramasser, à l'aide d'une brouette, les crottins des animaux,
» et elle les met en petits tas, de distance en distance, sur l'her-
» bage même; lorsque cet herbage a été suffisamment brouté,
» un ouvrier y conduit un tonneau porté sur une voiture dont
» les roues légères sont à larges jantes; le tonneau, plein d'eau,
» peut contenir 6 hectolitres ; un autre ouvrier suit, traînant
» une brouette à coffre bien étanche, de la contenance de deux
» hectolitres environ ; ce dernier ouvrier prend à la pelle des
» crottins aux tas indiqués plus haut, les met dans la brouette,

» approche celle-ci sous le robinet placé à l'extrémité postérieure
» du tombereau, et l'emplit en même temps qu'il déblaye la
» matière avec le rabot; la brouette remplie, il l'approche des
» places où l'herbe a été rasée par la dent de l'animal, et, avec
» l'écope il répand sur ces places le purin préparé, en ayant
» soin de n'en pas jeter sur les touffes plus élevées qu'il refusait
» auparavant, pour laisser à l'herbe qu'il avait broutée de
» trop près le temps de repousser.

» Une femme suffit pour ramasser journellement les fientes
» sur 8 à 9 hectares, où paissent 50 à 60 bœufs; deux hommes
» avec un cheval peuvent apporter l'eau et répandre le purin
» sur un hectare par jour. Par cette méthode, les herbages re-
» çoivent en même temps une fumure nouvelle.

» Au moyen de ce système, M. Caudron n'éprouve pas le be-
» soin d'introduire la faulx dans ses herbages, si ce n'est pour
» couper l'herbe de quelques encoignures et bordures où les
» animaux ne vont pas, et qu'il donne en vert à l'étable. »

Il résulte de ce qui vient d'être exposé, que mon système
de conversion d'une terre en prairie se recommande par ses résultats autant que par son économie, et cette vérité deviendra
plus saillante encore par les chiffres qui suivent et qui sont
empruntés à la comptabilité générale de mes herbages.

Et d'abord disons ce que coûte un hectolitre de purin créé
et versé sur la pâture.

L'atelier est composé de 2 hommes, 2 femmes, 1 cheval.

2 hommes coûtent par jour................	3^{fr} 50
2 femmes *id*..................	2 »»
1 cheval nourri sur l'herbage.............	» 75
Entretien des harnais et voiture..........	0 25
Dépense par jour......	6^{fr} 50

On épanche par 24 heures de 20 à 23 tonneaux de 6 hectol.
50 l.; en prenant le chiffre le plus bas, 20 tonneaux à 6 hectol.
50 l. donnent 130 hectol. par 0 fr. 05 c. l'un = 6 fr. 50 c.

Un hectolitre de purin versé sur la pâture ne revient donc
qu'à 0 fr. 05 c.

Avec un tonneau de 6 hectol. 50 l. on couvre une surface de
13 mètres carrés, et il faut environ 1/6 de mètre cube de fiente
par tonneau.

Voici maintenant la dépense d'un hectare de terre mis en
pâture.

Ainsi que je l'ai dit déjà, pour convertir la terre en prairie,
je me borne tout simplement à semer la graine de foin 15 jours
après la féverole ou l'avoine et à rouler fortement; l'engrais
liquide vient après fortifier le gazon naissant.

Voici les frais généraux par hectare :

1° Graines achetées dans le pays pour un hectare..	25 fr.
2° Epandement de l'engrais liquide après la récolte enlevée, fait au printemps............	75
3° Clôtures (haie et barrages).............	225

Quelques mots à propos de ma préférence pour la semence du pays.

Beaucoup de propriétaires prétendent encore qu'on ne peut ohtenir une bonne prairie sans un choix de graines limité à certains genres ou espèces. Aussi ce qu'ils appellent la clef des herbages, c'est une note précieuse des quantités et espèces qui conviennent seules au sol, note dont on fait mystère à ses meilleurs amis et qu'on transmet de père en fils aussi religieusement qu'une amulette.

Je crois fort bien qu'une prairie qui ne se composerait que d'une seule espèce d'herbe serait peu productive et ne tarderait pas à devenir stérile ou à changer de caractère; mais je prétends que le meilleur choix est celui fait par la nature, et c'est ce qui m'a toujours amené à donner la préférence aux semences ordinaires du pays, recueillies chez les propriétaires possédant les plus anciens et les meilleurs herbages, et je m'en suis constamment bien trouvé.

PROPRIÉTÉ DE FONTENELLE.

Son prix et son revenu.

Acquisition en 1836 (terrain de bois venant d'être défriché).	113,500 fr.
Frais d'acte	11,500
Conversion en prairie, 400 fr. par hectare. . .	32,400
Lés bâtiments destinés seulement à l'exploitation	22,600
TOTAL.	**180,000 fr.**

Depuis 1836, cette propriété a largement couvert, par ses produits, non-seulement l'intérêt du capital, mais aussi l'entretien et les améliorations introduites, et en effet la première année j'ai mis sur la propriété 70 bœufs qui m'ont donné, intérêts déduits. . . . . 7,000 fr.

La 2ᵉ année, 100 bœufs 10,000

Pendant dix ans, 120 bœufs. 12,000

Aujourd'hui je nourris facilement, avec les dix bœufs qui reçoivent à l'étable des touffes d'herbes fauchées çà et là, 150 bœufs. 15,000

Voici maintenant un extrait de cinq années de la comptabilité de mes herbages destinés aux bœufs.

J'ai nourri :

En 1853 — 246	bœufs qui m'ont coûté	58,197 fr.	et ont produit	88,639 fr.
En 1854 — 235	id.	61,430	id.	91,375
En 1855 — 251	id.	80,000	id.	118,375
En 1856 — 243	id.	83,800	id.	106,292
En 1857 — 279	id.	97,092	id.	127,652

En 5 années 1,254   bœufs coûtant   380,519 fr. ont produit 532,333 fr.

Bénéfice 151,796 fr. sur l'ensemble, ou par tête 121 fr.
La propriété de Fontenelle, de 81 hectares,
reçoit 140 bœufs.
On nourrit 10 bœufs sur l'écurie à l'aide des touffes.

Ensemble 150 bœufs.

A 121 fr. par tête. . . . . 18,150ᶠ 00°
A retrancher pour la main-d'œuvre
(liquéfaction et autres frais). . . . . . 1,600ᶠ 00°
Entretien des barrages. 250 00
Intérêts du capital des 150 bœufs. . 1,137 90

2,987 90

Bénéfice net. . . . 15,162 10

La propriété alimente en outre deux vaches, quelques chevaux et poulains.

Ce qui représente plus que les contributions.

Ainsi donc, on le voit, la propriété de Fontenelle donne généreusement l'intérêt des fonds avancés; mais sa réalisation se ferait facilement aujourd'hui au prix de 300,000 fr. Il y a donc, en outre des intérêts plus que servis, un bénéfice de plus-value de 120,000 fr., et ce résultat sera celui qu'obtiendra toute conversion du même genre faite avec les mêmes moyens.

Créer des herbages dans une contrée comme la nôtre où le sol trop humide est peu propre à une culture réglée, c'est non-seulement doubler le revenu et augmenter la valeur de la propriété, mais c'est aussi servir l'intérêt public par l'augmentation d'un produit qui manque généralement au pays et est appelé à bien plus lui manquer encore : la viande.

La ferme de Fontenelle que je présente au concours est donc, sous ce rapport et sous beaucoup d'autres, digne, je crois, de toute l'attention du jury, et j'ajoute qu'elle répond en outre à toutes les conditions posées et si bien développées dans les instructions de M. le Préfet de l'Aisne.

« La lice, dit M. le Préfet de l'Aisne, n'est sérieusement et
» réellement ouverte qu'aux propriétaires et fermiers de do-
» maines soumis à une culture sagement dirigée, *en rapport*
» *parfait avec les circonstances locales où elle se trouve placée,*
» bien réglée dans ses dépenses et productive dans ses résul-
» tats. Le jury n'a pas à décerner une prime d'encouragement,
» mais à récompenser *des résultats* acquis d'une *authenticité*
» *incontestable* et dont l'exemple puisse être sûrement invoqué
» pour démontrer comment l'économie dans les dépenses,
» l'ordre dans le travail, le perfectionnement raisonné des mé-
» thodes culturales, l'heureuse alliance de la science et de la
» pratique et enfin une juste subordination de la culture aux

» circonstances qui la dominent créent la prospérité présente
» et assurent l'avenir des exploitations rurales. »

Ma culture satisfait à ces diverses conditions, et comme elle
est simple dans son action, facile à vérifier dans sa dépense ;
que la création d'une prairie naturelle a toujours pour résultat d'augmenter la valeur du sol en même temps que son revenu, tout en concourant puissamment au bien-être général ;
à ces différents titres mon exploitation obtiendra, j'ose l'espérer, le droit d'entrer en lice et de disputer la prime.

Dans cette attente, veuillez agréer, Monsieur le Préfet, la
nouvelle assurance de mes sentiments dévoués.

CAUDRON Fils.

Fontenelle, le 28 février 1858.

Mémoire de M. DUBRULLE-PREMECQUE,

cultivateur à Prémont, près Bohain.

Renseignements généraux.

Le sol de mon exploitation présente une pente légère vers l'Ouest ; il est tout-à-fait sec et ne laisse apercevoir aucune source ; l'eau, d'une assez grande profondeur, est marneuse et très-saine.

Débouchés. — La distance des marchés est pour moi une chose pénible ; 23 kilom. me séparent de Cambrai où je vais de préférence conduire tous mes grains. Aucune rivière, aucun canal ne facilite mes transports. Le chemin de fer de Saint-Quentin à Maubeuge passe à 6 kilom. de mon habitation et doit m'offrir sous peu un embranchement pour la ville de Cambrai à laquelle je suis rattaché jusqu'à ce jour par la route départementale de cette ville à Bohain.

Main-d'œuvre. — Cette partie importante de nos travaux. que le commerce du pays ne rend que trop rare, nous est très-coûteuse. Une homme, pour les six mois d'été, demande à gagner 2 fr. par jour ; une femme, 1 fr. 25 c. Je n'ai actuellement dans ma ferme que deux domestiques à gages, savoir : un valet de charrue gagnant 300 fr. par an, et un garçon de cour, pour les bestiaux, qui reçoit 20 fr. par mois.

Pour la moisson, je prends deux moissonneurs qui doivent faucher mes verdures, mes hivernaches et une partie des blés, lorsque le besoin l'exige. Ils sont assujettis à lier toute ma moisson. Ils reçoivent pour cela 8 hectol. de blé chacun ; deux recueilleuses recevant chacune 4 hect. les accompagnent. La même époque me donne aussi le besoin d'un second valet de charrue qui reçoit, pour sept mois de travail, 7 hect. de blé et 25 fr.

Productions du pays. — Mon exploitation est composée de plusieurs espèces de terre : 1° Terre douce argileuse ; 2° terre à cailloux ; 3° terre marneuse, sur lesquelles je récolte colzas, œillettes, camelines, betteraves, escourgeons, seigle.

Le principal but du bétail est le fumier. Je n'engraisse des bestiaux que lorsqu'il y a nécesssité, et j'élève le plus possible.

Renseignements spéciaux.

Je cultive actuellement 53 hectares 16 ares, dont 35 hectares 44 ares en une seule pièce, au milieu de laquelle est construite la ferme, et le reste en différents morceaux, pour la plupart y touchant ; 40 hectares 40 ares 16 centiares proviennent de bois défrichés.

Je jouis des terres au moyen d'un fermage que je rends pendant la durée d'un bail.

J'ai jugé convenable, pour l'ordre de mes travaux, de partager ma pièce de terre de 35 hectares 44 ares en parties régulières de 3 hectares au plus. Le reste se compose de morceaux de différentes contenances. Je n'ai dans mon exploitation ni verger, ni pré, et pour y suppléer, j'entretiens chaque année 3 hectares 54 ares 40 centiares de trèfle blanc que je laisse deux ans, tant pour la nourriture des bestiaux que pour l'amélioration de ma terre ; je remarque que ce mode de culture est avantageux pour les récoltes qui suivent.

Bâtiments. — Sans parler des améliorations nombreuses que j'ai dû faire à tous les anciens bâtiments que j'ai trouvés, à mon arrivée, dans un délabrement complet, j'ai été obligé de faire construire un corps de logis, une écurie, une vacherie. J'ai aussi fait établir, pour mes deux vacheries, deux citernes à purin, dont l'une contient 300 hect. et l'autre 60 hect. cubes.

Assolement. — Mon habitude est de mettre le tiers de mon exploitation en blé, le quart en graines grasses, et le reste est divisé, selon les circonstances, partie en escourgeons, avoines, hivernaches, etc.

Amendements et engrais. — Outre le fumier, je fais encore usage de cendres de bois et de houille pour mes verdures ; de tourteaux pour toute espèce de plantes ; de purin pour les carottes, les betteraves et les choux de vaches. Au lieu de marner, selon l'habitude, je me sers d'une marne reposée que je passe au travers d'une grille dont les verges sont à la distance de 2 centimètres 1/2 ou 25 millimètres.

La proportion dans laquelle tous ces engrais et amendements sont employés, dépend des terres sur lesquelles on doit les appliquer.

Labour. — Je mets toujours en usage le brabant simple, le brabant double. l'extirpateur, le binois, le rouleau, les herses à dents de fer et à dents de bois. Les plus anciens de ces instruments sont assez connus pour m'abstenir d'en reproduire ici les effets. Le brabant double et l'extirpateur sont plus nouveaux. Le premier sert à mieux retourner la terre lorsque je veux lui donner plus de fond, parce qu'il rejette toujours la terre du même côté, ce qui convient à mon exploitation qui, comme je l'ai dit plus haut, se trouve en pente. Cet instrument est aussi très-favorable pour enfouir les verdures.

L'extirpateur sert à déraciner les mauvaises herbes.

Profondeur. — La profondeur des labours dépend des terres et des époques où ils ont lieu. Avant l'hiver, je laboure le plus profond possible, tandis qu'au printemps j'approfondis moins.

Semis. — Je sème tout à la main et à la volée. Tous mes semis sont suivis de la herse, hormis le cas fréquent où la terre étant trop légère nécessite le passage du rouleau après l'enfouissement à la raie. Toutes les semences sont jetées telles qu'elles sont récoltées, mais très-propres. J'arrange mes blés à la chaux et au purin. Selon l'habitude presque générale, je commence à semer à l'entrée d'octobre, et, si le temps le permet, je termine le plus promptement possible.

Mes colzas et mes choux de vaches sont plantés au plantoir, sauf le cas rare où la plante est trop forte ; alors, je plante à la charrue.

Entretien et culture pendant la croissance. — Je fais biner lorsqu'il y a des gazons au printemps ; mais quant aux blés, escourgeons, avoines, etc., je fais cueillir l'herbe à la main.

Moisson. — Je me sers toujours de la pique pour couper les blés, les escourgeons, et de la faux pour le reste. Je rentre ma moisson lorsque je la vois dans un bon état de maturité.

Conservation. — Je mets en meule ce que je ne puis renfermer en grange. Jusqu'à ce jour, je fais encore tout battre au fléau. Tous mes grains sont criblés et conduits au marché le plus promptement possible.

Cultures diverses. — *Houblons.* — Outre toutes les cultures dont j'ai parlé plus haut, j'ai établi une houblonnière qui contient 70 ares 88 centiares de terre. Comme elle est tout-à-fait en plaine, j'ai adopté un système nouveau qui, étant moins coûteux, me rapporte autant que la culture par les hautes perches. A chaque fosse de houblon se trouvent deux poteaux de 2 mètres 66 cent., sur lesquels sont attachées deux ficelles goudronnées sur lesquelles je dirige le houblon. De cette manière, le vent a moins d'empire et le houblon par conséquent est moins froissé.

Animaux domestiques. — Mes chevaux sont de différentes races, de différente taille, et aussi de différentes robes. J'élève un ou deux poulains chaque année. Le mâle saillit à trois ans, et la jument n'est saillie qu'à quatre ans.

L'écurie est en briques, couverte de pannes et peut contenir huit chevaux qui ont chacun 1 mètre 16 cent. d'espace. Une mangeoire en chaux hydraulique leur donne à chacun un bac séparé. Elle est surmontée d'un râtelier pour le foin, la paille, l'hivernache.

La nourriture habituelle des chevaux se compose d'hivernaches , trèfles en luzernes , sainfoins , féverolles mêlées de vesces, avoine et paille. On leur distribue tous ces aliments tels qu'on les récolte , en ayant soin [d'en] extraire toute matière étrangère qui pourrait nuire aux animaux. Les repas sont au nombre de quatre, savoir : un le matin au lever , un autre à huit heures, puis à midi, le dernier après leur journée. Après chaque repas, les chevaux sont conduits au réservoir pour y étancher leur soif.

Ils sont soumis à tout ce qu'exige mon emploi : aux charrois et aux travaux des terres. Trois chevaux peuvent en moyenne labourer 53 ares 16 centiares ; herser 2 hectares 83 ares 52 centiares ; biner 88 ares 60 centiares. Les poulains ne commencent à travailler qu'à trois ans.

Vaches. — Ma vacherie est construite en pierres blanches et couverte en pannes. Sur la longueur se trouvent deux rangs de vaches, placées en paires , de sorte qu'entre chaque paire se trouve une séparation en planches. Chaque vache a son bac séparé. Une chaîne les attache à leur bac en chaux hydraulique, au moyen d'un collier en cuir que chacune d'elles porte au cou.

Dans une autre écurie de la même construction, se trouvent tous les élèves. Nous n'élevons pas de taureaux, parce que nous estimons que leur service ne répond pas à leur consommation.

Dans la vacherie , une citerne de la contenance de 8 hect., sert à mélanger la drêche, la courte paille de blé et le mauvais grain cuit que l'on retire de ce qui est conduit au marché ; le tout rendu liquide au moyen de l'eau que l'on y joint , est distribué aux vaches deux fois par jour , pendant tout le temps qu'elles ne peuvent plus aller aux pâturages. Outre cela, il leur est distribué une portion de choux, puis des betteraves et des carottes pour le reste de l'hiver. Aussitôt que le trèfle est poussé, on leur en donne à l'écurie; on les attache à la chaîne dans les pâturages de trèfle blanc , et après avoir terminé la moisson on les laisse pâturer en toute liberté.

Les veaux sont vendus à la boucherie huit à quinze jours après leur naissance , l'usage n'étant pas dans le pays de faire des veaux gras. Tenant au bon service que me rendent mes vaches , je ne vends les élèves que lorsque leur forme ne me plaît pas; je vends les vaches mères à mesure qu'elles avancent en âge.

Chaque vache me coûte en moyenne 1 fr. 25 de nourriture, et me rapporte , pendant ses six premiers mois , cinq pots de lait que nous réduisons en beurre dont le prix moyen depuis deux ans peut être évalué à 2 fr. 20 le kilog. On obtient un kilo de beurre dans vingt litres de lait.

Fabrication du beurre et du fromage. — Notre garçon de cour va deux fois la semaine distribuer le beurre et le fromage à une clientèle que nous nous sommes formée dans le village. Tout le lait est écrémé, et avec le petit lait nous faisons des fromages blancs. Pour les fabriquer , il s'agit d'emprésurer ce lait et, dès qu'il est bien caillé, de le mettre dans les formes, d'où retirés, ils sont vendus 10 c. la pièce ; trois litres de lait sont nécessaires pour obtenir un fromage.

Porcs. — Nous n'engraissons que ce qu'il faut pour notre consommation.

Oiseaux de basse-cour. — Ma position ne me permet que de tenir des poules et quelques pigeons, car n'ayant aucune pâture, et étant au milieu de mon exploitation, les autres oiseaux ne feraient que me nuire. Ces poules peuvent me coûter deux centimes par jour et sont vendues 1 fr. 25. Le prix moyen des œufs, depuis quelques années, peut être évalué à 4 fr. le cent. Quant à leurs aliments, nous leur donnons l'ordure des blés.

DUBRULLE.

Quelques mots à Messieurs les membres du jury.

Arrivé en 1850 dans un exploitation tout-à-fait en désordre, mes premiers soins en y arrivant ont été d'améliorer le sol devenu presque inculte par la négligence de mes prédécesseurs. Ceux-ci, après avoir passé successivement cinq à six années dans mon emploi, n'avaient pas su faire disparaître du sol l'origine du bois dont il avait été dépourvu il y a vingt à trente ans. Mes soins, en arrivant, ont aussitôt tendu vers deux grands points, savoir : faire disparaître l'origine du bois et donner à la terre des engrais bienfaisants et un meilleur fond.

Vous comprendrez plus facilement la triste position dans laquelle je me suis trouvé, quand vous saurez que les terres étaient non-seulement dépourvues d'engrais, mais que je ne trouvais rien pour m'en procurer. Un mauvais cheval, voilà tout ce qu'il y avait dans la ferme. Je commençai par acheter tout le fumier de Prémont et de Brancourt, dont je suis éloigné de 3 kilomètres. D'accord avec les balayeurs de cheminées du canton de Bohain, je leur achetai jusqu'à 400 hectolitres de suie que j'allai chercher jusqu'à 25 et même 30 kilomètres de chez moi. J'ai aussi employé beaucoup de tourteaux, de la chaux, des cendres noires, des cendres de bois et de la houille, de la marne, du cendron que j'ai semé à des époques convenables.

Pendant quatre ans, malgré d'immenses sacrifices, je n'ai remarqué aucune amélioration sensible dans mes récoltes. L'année 1855, vous n'en doutez pas, a été encore pire que les précédentes. Enfin, un mieux s'est fait sentir, et j'ai la consolation de voir chaque année une grande amélioration dans mes produits et mes terres rivaliser avec celles de mes voisins.

N'ayant pas trouvé de vache dans la ferme, j'ai commencé par en acheter deux que je n'ai pu y nourrir qu'avec peine, attendu que je n'avais à leur donner pour pâturage que le chiendent que j'avais abondamment.

Voulant ensuite trouver dans la ferme tout le fumier qui m'était nécessaire, j'ai augmenté mes bestiaux, de sorte que j'ai actuellement trente bétes à cornes, ce qui me permet de vendre six vaches chaque année et de les remplacer par des élèves. Enfin, pour ne rien perdre de ce qui peut améliorer mon sol, j'ai fait construire deux caves pour recevoir le purin de mes étables.

Ma position, tout-à-fait isolée, ne me permet pas la vente dn lait en détail ; mais pour y suppléer, je fabrique du beurre et du fromage dont je tire un beau produit.

Enfin, Messieurs, ma ferme n'est pas élégante ; mais l'on y trouve le travail, l'ordre et l'économie.

DUBRULLE.

Prémont, le 28 février 1858.

Mémoire de M. Jules RENOUARD,

sur les Établissements agricoles de l'Arrouaise,

canton de Wassigny (Aisne).

Renseignements généraux.

Configuration du sol. — La configuration du sol de l'Arrouaise est favorable à la culture à plat. La terre est légèrement ondulée, et des pentes naturelles permettent l'écoulement des eaux dans les fossés d'assainissement et dans les abreuvoirs creusés près des routes pour les bestiaux.

Sol. — Dans toute l'étendue de l'Arrouaise, le sol arable est de même nature : argileux, léger et très-perméable. La sécheresse prolongée fait beaucoup tort aux récoltes racines, telles que betteraves, turneps, carottes ; dans les années humides, ces produits sont plus abondants, sans paraître souffrir de l'humidité, parce que le sous-sol en absorbe une grande partie. On n'a trouvé aucune source dans le domaine. Les puits sont creusés jusqu'à 30 et 33 mètres de profondeur, au-dessus de la couche marneuse. L'eau est très-bonne à boire.

Routes. — Avant les défrichements, il n'existait dans l'Arrouaise que des chemins d'exploitation pour les bois. J'ai fait construire huit kilomètres de routes empierrées, larges de 11 mètres et bordées de fossés d'écoulement. L'une des routes conduit de la ferme à la route impériale de Guise à Landrecies ; l'autre, de la ferme à Wassigny. Elles ont coûté environ 60,000 fr. Cette dépense, de première nécessité, nous a permis, par la facilité des charrois en toute saison, de faire en peu de temps des travaux considérables de culture et de constructions.

Marchés. — Les marchés voisins de l'Arrouaise sont ceux de Guise, du Câteau et de Landrecies. Les communications avec ces villes sont très-faciles, distantes de 14 à 16 kilomètres.

Main-d'œuvre. — Le prix moyen de la main-d'œuvre est assez élevé, à cause de la concurrence du tissage de laines qui est une des principales industries du pays. Les hommes sont payés de 1 fr. 75 à 2 fr. et les femmes de 1 fr. à 1 fr. 25, sans nourriture.

7

Renseignements spéciaux.

Etendue du domaine. — L'exploitation agricole de l'Arrouaise est située sur les communes d'Oisy et Etreux, canton de Wassigny.

Elle a été formée après le défrichement d'une partie de la forêt de l'Arrouaise qui contenait 586 hectares. La culture s'étend aujourd'hui sur 500 hectares, et il reste 86 hect. en bois, réserves, routes et emplacement des constructions de la ferme.

La société forestière MM. Seillière et Cⁱᵉ, de Paris, est propriétaire du domaine depuis 1852.

Défrichements. — En automne 1854, les défrichements et constructions ont été commencés sous ma direction et terminés entièrement en 1857.

Les défrichements et les défoncements ont été faits à la pioche par des ouvriers du pays et principalement par des terrassiers belges, au prix de 150 fr. l'hectare. Les souches et les racines d'arbres ont été enlevées et mises en réserve pour le chauffage de la ferme. Nos approvisionnements de ce combustible à bon marché peuvent durer quatre ans. Il remplace le charbon de terre pour la machine à vapeur. Les ronces, les chiendents et toutes les mauvaises herbes dont le sol des bois est ordinairement couvert, ont été mis en tas, brûlés et mélangés avec de la chaux pour former des composts. Ce genre d'engrais a été employé avec succès sur le domaine, surtout pour les terres à blé.

Bâtiments. — Les bâtiments de la ferme ont été construits au centre de l'étendue du domaine. Ils occupent une superficie de 4 hectares, et pourraient être divisés au besoin en trois fermes distinctes, avec maison d'habitation pour le fermier. Les divers intérieurs et communications entre chaque bâtiment sont très-spacieux, empierrés, et toujours faciles pour le service par tous les temps.

Il y a huit grands bâtiments, de 50 mètres de long sur 14 mètres de large, avec greniers pour fourrages et grains, pouvant contenir chacun 50 à 60,000 gerbes. Chaque bâtiment a sa destination spéciale, écuries, bouveries, bergeries, vacheries et porcheries.

Toute la maçonnerie est en briques faites sur l'emplacement même de la ferme, ce qui a permis de faire les constructions à bien meilleur marché que s'il avait fallu les acheter aux environs où elles coûtent 16 à 17 fr. le mille. Toute la charpente, provenant des chênes abattus dans le défrichement et mis en œuvre sur le terrain, est revenue aussi à un prix comparativement très-modéré.

La toiture des quatre bâtiments hauts avec greniers à fourrages, est en forme courbe et couverte en ardoises. Cette courbure, qui permet une grande capacité intérieure, a de plus l'avantage de ne pas donner prise aux vents et de ne pas garder la neige. Les planchers des piliers sont soutenus par des piliers en pierre bleue de Marchais (environs d'Avesnes), d'un seul morceau, ayant 2 mètres 40 de hauteur. Il y a deux rangs de onze piliers dans chaque bâtiment, à six mètres de distance des murs, et le long de ces piliers sont établis les rateliers, bacs et mangeoirs, suivant la destination du bâtiment. Les nourritures se distribuent par le passage du milieu, devant la tête des animaux. Le terrain des écuries et bouveries est pavé et en pente, pour faciliter l'écoulement des urines qui passent par des caniveaux aboutissant aux citernes à purin. Près des écuries et bouveries, il y a deux grands abreuvoirs ou réservoirs, constamment alimentés par l'eau du puits de la machine à vapeur. Cette eau communique par des conduits à la bouverie d'engrais, à la porcherie, à la basse-cour, et l'excédant passe dans le jardin potager. Toutes les gouttières des bâtiments aboutissent à ces réservoirs, en sorte que nous n'avons jamais manqué d'eau dans les plus grandes sécheresses.

Les portes de service des écuries et bouveries avaient été d'abord établies sur coulisses en fer avec galets s'ouvrant en deux par le milieu; mais j'ai dû renoncer à ce système qui n'est pas praticable pour les bâtiments où le fumier, les pailles, la maladresse des charretiers et le nombre des animaux occasionnent un encombrement continuel autour de ces portes. Elles ont en outre le défaut, ne pouvant se fermer parfaitement, de laisser passer beaucoup d'air et de rafraîchir l'intérieur en hiver.

En outre des huit grands bâtiments, il y a deux granges reliées entre elles par un hangard pour l'abri des chariots chargés; et dans l'une des granges j'ai fait installer, depuis trois ans, deux machines à battre, système Duvoir, lesquelles sont mises en mouvement par une machine à vapeur de la force de quinze chevaux placée dans un petit bâtiment contigu à la grange. Cette machine à vapeur sert à faire marcher, en même temps, hache-paille, concasseur de grains et de tourteaux, tarare, moulin à farine, système Bonchon, et la pompe à eau qui alimente la machine et les réservoirs. Les machines à battre emploient chacune quatre hommes et peuvent donner 40 à 45 hectolitres de blé, ou 70 à 80 hectolitres d'avoine par jour, ce qui met le grain à 25 et 30 c. l'hect. pour frais de battage. J'ai fait adapter aux batteries un ventilateur et aspirateur de poussière, laquelle est rejetée dans une chambre basse au moyen de conduits et n'incommode pas les ouvriers. Tout le service des instruments accessoires exige un ou deux hommes au plus, en sorte que le travail simultané est fait avec autant d'économie que possible.

Un corps de bâtiment renferme les ateliers de forge et de charronnerie pour la confection et réparation des instruments aratoires.

Toutes les autres dispositions des constructions de la ferme sont indiquées au plan annexé au mémoire.

Cultures. — Depuis la mise en culture du sol défriché, voici quel a été l'ordre d'assolement :

En 1855. — 84 hectares en avoines jaunes et noires. L'avoine a rendu 45 hectolitres à l'hectare, la noire a été très-inférieure.

6 hectares en féverolles et vesces, pour essai. — Rendement médiocre, faute d'engrais suffisant.

En 1856. — 190 hectares en avoines jaunes et noires. La première a rendu 50 hectolitres à l'hectare ; la dernière a eu un très-faible rendement en grains et pailles. Elle convient peu aux terres défrichées.

20 hectares en blé d'automne sur parcage. — Rendement de 16 hectolitre à l'hect. Grain maigre.

En 1857. — 80 hectares en betteraves sur terres chaulées et fumées à l'automne. — Rendement de 25,000 kilos à l'hectare.

200 hectares en avoines jaunes. — Rendement moyen en grain et paille.

20 hectares en colzas d'automne, pour essai. La végétation était très-belle, mais la fleur a été détruite par les pucerons. — Rendement très-faible.

50 hectares en blé, seigle et orge. — Rendement de 15 à 16 hectolitres à l'hectare.

En 1858. — 110 hectares en betteraves, sur des terres fumées au printemps. — Rendement de 16,000 kilos à l'hectare. La sécheresse et les vers ont fait beaucoup de tort à cette récolte.

40 hectares en trèfle, vesce, féverolle bien réussis.

250 hectares en avoines, sarrasin et seigles qui ont donné un bon rendement.

Il résulte de ces quatre premières années de culture, que l'avoine, surtout l'espèce jaune, a parfaitement réussi. Les blés ont eu un produit moyen en grains et pailles. Les betteraves ont peu rapporté en raison de la sécheresse. Les trèfles et sarrasin ont donné une belle récolte. Le colza, qui a poussé vigoureusement au début de la végétation, n'a produit que très-peu de grains. Les féverolles et vesces ont toujours eu un faible rendement.

Amendements. — L'épaisseur de la terre végétale varie de 25 à 30 centimètres. Elle se compose de détritus forestiers et contient un principe acide qui se neutralise par les amendements calcaires ; aussi ai-je employé la marne et la chaux à forte dose avant la mise en culture. La quantité de marne par hectare a été de 80 à 90 mètres cubes, et la dépense en trois années s'est élevée à près de 100,000 fr. Le mètre cube de marne, rendu et répandu sur le terrain, est revenu de 3 fr. 50 à 4 fr. Je l'ai fait venir d'Etreux ou de Wassigny où elle est de bonne qualité et se délitte assez facilement par la gelée ; mais les frais de transport la mettent à un prix trop élevé comparativement à d'autres localités. J'ai fait plusieurs essais de sondage et d'extraction de marne sur le terrain même de mes cultures ; partout la profondeur de la couche marneuse a toujours rendu ce travail trop coûteux.

L'emploi de la chaux a produit un effet plus prompt sur les terres que la marne qui exige plusieurs années pour bien faire apprécier ses résultats. La chaux apportée en morceaux est mise en petits tas recouverts de terre, et au bout de quelques jours, elle est éteinte, réduite en poudre et répandue à la pelle sur le terrain, en quantité de 7 à 8 mètres cubes par hectare.

Les racines et souches d'arbres ont été, pendant trois ans et sont encore quelquefois une difficulté de plus à surmonter dans les terrains défrichés. Bien des charrues et extirpateurs très-solides ont été brisés, et il a fallu renouveler ou réparer souvent.

Engrais. — Avec les engrais des écuries et des étables, fournis par la ferme, j'ai fumé environ 100 hectares par an, à raison de 30,000 kilos par hectare. Cette quantité augmentera progressivement d'après le nombre des bestiaux qu'on pourra nourrir et engraisser pendant l'hiver. Jusqu'à présent, j'ai employé aux travaux de labours et charrois quarante-cinq à cinquante bœufs La bouverie d'engrais contient quarante-cinq à quarante-six vaches et bœufs, et la bergerie sept à huit cents moutons.

J'ai toujours remarqué que l'engrais qui convenait le mieux à nos terres défrichées était celui de la ferme On m'avait fort recommandé le guano pour la culture de la betterave. J'en ai fait l'essai en 1857 ; mais son résultat a été nuisible à nos récoltes, soit à cause de la sécheresse, soit parce que cet engrais ne conv'ent pas aux terres légères et acides des bois. Il en a été de même pour tous les autres engrais pulvérulents, tels que tourteaux, noirs, poudrette, que j'ai essayés sur des récoltes de diverse nature.

Nos fumiers sont enlevés tous les deux jours des écuries et étables et mis dans des fumières de 40 mètres de long sur 10 mètres de large et de 1 mètre 50 de profondeur, placées pallèlement aux bâtiments des animaux et contiguës aux citernes qui reçoivent les fumiers par des conduits souterrains. Au moyen de grandes pompes en bois d'un système fort simple, le fumier est arrosé aussi souvent qu'il est nécessaire et entretenu en bon état jusqu'au moment où il est charrié sur les champs. Par ce procédé, on peut avoir du fumier en parfaite condition en moins de deux mois, **sans perdre aucune** matière ni purin.

Instruments. — J'ai adopté pour les labours le brabant double en fer avec avant-train sur rouelle. Cet instrument a complètement remplacé dans le pays l'ancienne et lourde charrue picarde. Il fait un sillon régulier, est très-facile à conduire avec deux chevaux ou deux bœufs; et ne donne aucune fatigue à l'ouvrier. Il a quelquefois le seul inconvénient de ne pas présenter assez de solidité pour les labours de défrichements, et il a besoin de fréquentes réparations à la forge.

Parmi les instruments aratoires en usage à la ferme, nous avons adopté l'extirpateur pour les gazons et les chiendents, le rouleau Croskill pour le tassement des terres légères, et le rouleau brisé en bois à trois compartiments, bien préférable au rouleau d'une seule pièce. Ce rouleau couvre toutes les inégalités du terrain et opère un tassement très-régulier. Les herses en fer triangulaires ont été aussi fort utiles pour la préparation des terres encore couvertes de ronces et de grosses herbes qu'elles brisent et divisent mieux que la herse en bois.

Ensemencements. — Les ensemencements se sont faits à la volée jusqu'à présent, suivant l'usage du pays; mais je me propose d'adopter incessamment, pour les blés, les semoirs Jacquet-Robillard et Garrett.

Les semences sont préparées à la chaux, ou bien au **sulfate** de cuivre, renouvelées tous les ans et parfaitement nettoyées avant d'être enfouies. Au printemps, les céréales sont sarclées et nettoyées des mauvaises herbes, ce qui a donné jusqu'ici une faveur marquée à nos produits achetés pour semences.

Moisson. — La moisson se fait par les ouvriers du pays qui avaient habitude d'aller aux environs de Paris avant la création de nos exploitations agricoles. Le prix du fauchage et liage est de 18 à 22 fr. pour le blé à l'hectare, 16 à 17 fr. pour l'avoine et le seigle. Les bons ouvriers peuvent gagner 5 à 6 fr. par jour à ces conditions. On emploie aussi des piqueteurs du Nord; mais ils sont généralement plus exigeants que ceux du pays; je n'ai pas remarqué de supériorité dans leur travail, pour justifier la préférence que quelques cultivateurs paraissent leur donner.

Depuis trois ans, j'ai la moissonneuse système Manny, qui a fonctionné convenablement toutes les fois que les blés ou avoines n'étaient pas versés. Il y a une économie de moitié dans les frais, lorsqu'elle peut faire 4 à 5 hectares par jour. Le javelage est, du reste, défectueux et très-fatiguant pour l'ouvrier. Ces machines sont appelées à rendre de grands services à la culture, surtout dans les moments de pénurie d'ouvriers, et lorsqu'elles auront acquis tous les perfectionnements dont elles sont susceptibles.

Plantations. — J'ai fait planter 7 à 800 pommiers en bordure des routes et dans les pâtures créées autour de la ferme. Ils ont presque tous très-bien réussi et commencent à porter fruits. La plantation en a été faite avec soin; le fumier et la terre végétale mis au fond de chaque trou creusé à 50 cen-timètres de profondeur sur un mètre de circonférence. J'ai fait venir ces pommiers de deux côtés différents : les uns des environs d'Avesnes et les autres de Normandie. Ils avaient à peu près 7 à 8 ans et coûtaient 2 fr. pièce. Ceux du Nord ont poussé plus vigoureusement que ceux de Normandie, pour qui le climat est sans doute trop dur.

Animaux domestiques.

Ecuries. — Les écuries contiennent 35 à 40 chevaux hongres et juments de la race Boulonnaise et Ardennaise. Leur nour-riture est distribuée par rations à chaque repas et disposée à l'avance par un garde-magasin qui a les clefs des coffres à avoines et greniers aux fourrages, de manière à ce qu'il n'y ait point de gaspillage possible de la part des charretiers. La nourriture d'un cheval consiste en 15 litres d'avoine, une botte de foin, de la paille de blé et du son. Elle coûte de 1 fr. 50 à 1 fr. 60 par jour. J'ai essayé l'avoine concassée pour les chevaux de trait, pensant y trouver de l'économie; mais ce procédé leur profite moins, et la différence dans la dépense est fort peu de chose.

Bouveries. — J'ai employé principalement pour les labours 40 à 50 bœufs de la race Comtoise, Ardennaise et B lge. Ces animaux, qui coûtent 7 à 800 fr. la paire, peuvent travailler deux à trois ans pour être mis ensuite à l'engrais. Les plus jeunes prennent assez vite la graisse; mais les vieux deman-dent plus de 4 à 5 mois avant d'être en état de vente pour la boucherie. La nourriture des bœufs de travail se compose de 30 à 35 kilos de pulpes mélangées avec de la paille hachée, une ration d'avoine concassée et de la paille d'avoine. La dépense est de 1 fr. 20 par jour. Les bœufs sont attelés au joug simple attaché aux cornes par des courroies en cuir. Ce mode, qui existe en Allemagne, est beaucoup moins coûteux que le collier et accessoires et laisse à l'animal tous ses mou-vements libres pour le tirage.

Etant trop éloigné des grands points de consommation pour le lait, le beurre et le fromage, je n'ai dans la ferme que dix à douze vaches laitières, Normandes ou Flamandes, qui suffisent aux besoins du personnel. Il y a un taureau de race Flamande. Les veaux sont vendus à la boucherie à deux et trois mois.

Engraissement. — Les bœufs de travail hors de service et les vaches maigres que je fais acheter sur les marchés, sont mis à l'engrais dans un bâtiment spécial et traités par le sys-tème de stabulation permanente, c'est-à-dire nourris et abreuvés à l'étable. Les fumiers, constamment recouverts avec des litières fraîches, ne donnent aucune mauvaise odeur. Ces fumiers sont enlevés deux fois pendant la durée de l'engraissement qui est de deux à trois mois. Etant enfouis de suite, ils sont de première qualité pour la culture de la betterave. Le sol est creusé à 1 m 50 de profondeur, les mangeoires mobiles et pouvant s'élever au moyen d'une manivelle, suivant la hauteur du fumier. La nourriture consiste en pulpes mélangées avec de la paille hachée, des tourteaux et du sel ; elle coûte de 70 à 80 centimes par tête. Ce système m'a assez bien réussi depuis deux ans, sauf quelques cas de maladie. Il peut donner un bénéfice net de 60 à 70 fr par bête, suivant l'aptitude de l'animal et le temps de l'engraissement. L'année dernière, il est entré 80 vaches et 25 bœufs à la graisserie, le nombre en a été augmenté depuis. Le poids moyen des bœufs, avant l'engraissement, est de 6 à 700 kilos, et celui des vaches de 4 à 500 kilos. Il y a environ 30 à 40 kilos d'augmentation de poids par mois et par bête. La viande sur pied se vend à la boucherie de 60 à 65 centimes le kilo.

Bergeries. — Le troupeau se compose de 7 à 800 bêtes de race métis-mérinos. N'ayant pas encore assez de nourriture et de fourrages pour l'hiver, je m'en suis tenu à renouveler le troupeau autant de fois qu'il se trouve en bon état pour la vente, à faire parquer depuis le mois de juin jusqu'en octobre et à garder un nombre suffisant de moutons pour graisser en hiver avec les pulpes fournies par la sucrerie. Ce système m'a assez bien réussi, et le troupeau a donné de bons résultats jusqu'à présent. Cette année, on commencera l'élevage. Les moutons gras se vendent très facilement aux bouchers des environs. Les bergeries sont très-vastes, aérées, pouvant contenir 2,000 têtes et garnies de rateliers, bers, mangeoires, etc. Il y a un parc clos attenant aux bergeries et un abreuvoir alimenté par les conduits des eaux pluviales.

Porcherie. — Les porcheries renferment une bonne race New-Leicester et Woburn qui a donné jusqu'ici de beaux produits. Ils sont nourris au sarrasin concassé, fermenté dans du petit-lait. Cette nourriture leur convient, les engraisse vite et à bon marché. Les porcelets de 2 mois se vendent facilement 23 fr. pièce.

Sucrerie. — La sucrerie, annexe des fermes, a été construite en 1856 sur un terrain acheté à la commune d'Oisy et voisin du canal de Sambre-et-Oise, par lequel se font les approvisionnements de charbons de Belgique et les betteraves riveraines. L'usine est reliée au canal par un chemin de fer. Elle est montée en matériel et machines pour travailler 8 à 10 millions de kilog. de betteraves. Elle n'a produit que la moitié de sa fabrication normale dans la dernière campagne, parce que les terres de l'Arrouaise ne sont pas encore prêtes pour fournir une grande quantité de betteraves et que cette culture n'est pas très-répandue dans les environs.

Les bâtiments de la sucrerie sont construits comme cenx des fermes, en briques avec toiture courbe en ardoises. L'établissement de l'usine, sur un terrain hors du domaine, a été motivé par le manque d'eau suffisante pour les besoins de la fabrication. Près de la sucrerie, il y a une source d'eau vive qui alimente un grand réservoir, et, en outre, on pouvait prendre les eaux du canal en cas de besoin.

Comptabilité.

Dépenses. — Depuis trois ans, on a dépensé, tant pour les constructions des fermes et de la sucrerie que pour les défrichements, marnages, amendements divers, matériel agricole et industriel, routes et frais généraux de culture, une somme de 1,200,000 fr. Le fonds de roulement des établissements peut s'élever à 400,000 fr. Les résultats de la culture ont été, après déduction des frais, de 51,000 fr. en 1856 et 90,000 fr. en 1857.

Direction et personnel. — Il y a un directeur des établissements, un sous-directeur pour la sucrerie, un chef de labour, un garde-magasins, un chef d'attelages et un surveillant d'ouvriers, vingt charretiers ou bouviers, quarante journaliers, ouvriers ou batteurs pour tous les travaux à l'intérieur et dans les champs. Une vingtaine d'employés sont logés à la ferme. Les salaires sont de 60 à 80 fr. par mois, sans nourriture.

Comptabilité. — La comptabilité générale des fermes et sucrerie est tenue à l'Arrouaise où se font toutes les dépenses et recettes. Les écritures sont tenues journellement en partie double sur le journal, grand-livre, livre de caisse, livre de magasin, pour l'entrée et la sortie de toute espèce de denrées. L'inventaire et bilan des écritures sont faits chaque année au 31 décembre.

Conclusion du Mémoire.

Vous aurez pu voir par cet exposé, Monsieur le Préfet, que rien n'a été négligé dans le domaine de l'Arrouaise, pour obtenir de bons résultats dans un avenir peu éloigné. Les terres défoncées et amendées par l'emploi de la marne et de la chaux sur une grande échelle, feront perdre chaque jour l'acidité que les chênes séculaires y avaient déposée. De nouvelles routes créées ont rendu les communications plus faciles; des fossés d'écoulement creusés de tous côtés ont assaini les terres qui déjà ont changé de nature et peuvent aujourd'hui recevoir toute espèce de culture.

En nous présentant dans le concours ouvert pour la prime d'honneur entre les fermes les plus remarquables du département de l'Aisne , nous avons voulu seulement prendre rang parmi elles, car nous savions que nous n'atteignions pas encore les conditions du programme, avec une culture toujours difficile et souvent ingrate sur un sol de bois défrichés. Nous avons pensé que nous ne devions pas rester étrangers à cette lutte et qu'il pouvait être de quelqu'intérêt, en exposant simplement à nos confrères cultivateurs le but que nous nous proposons et ce que nous avons fait pour y parvenir en suivant la voie du progrès.

Veuillez agréer , Monsieur le Préfet, l'assurance de mon respect.   J. RENOUARD, *Directeur*.

Arrouaise, 20 février 1858.

Mémoire de M. MINELLE,

Cultivateur à Courmont, sur sa ferme de Villardelle (canton de Fère-en-Tardenois).

Renseignements généraux.

Configuration du sol. — Le sol est plat sur environ quinze hectares ; le reste est plus ou moins incliné, sans être d'une pente excessive.

Vingt hectares environ sont exposés au midi, quarante-cinq au nord et le reste à l'est.

Les quarante-cinq hectares exposés au nord sont ce que nous appellons des terres fortes, mêlées de pierres siliceuses dites *chayoux*, à sous-sol pierreux entremêlé de glaise et excessivement humide.

Climat froid, peu sain, surcroît d'humidité occasionné par le voisinage de la forêt sur une lisière de la propriété.

Le ruisseau de l'Ourcq traverse en partie la propriété.

Sous-sol des limons. — Environ cinquante et un hectares de limon, en forte partie blanc, mêlé d'un petit gravier, dit *œil de perdrix* ; l'autre partie en terre rouge peu solide, se délayant aux moindres pluies.

Sous-sol des limons ci-dessus, argileux, à veines glaiseuses, marbrées, compactes, impénétrables aux eaux de pluies.

Sources. — Les sources dans les parties exposées au midi sont fréquentes ; dans l'autre partie plus humide, il n'y en a pas.

Nature des eaux. — Les eaux des sources sont bonnes.

Voies de communication. — A dix kilomètres des marchés aux grains ; depuis dix ans des routes vicinales y conduisent ; à sept kilomètres de la Marne ; à huit kilomètres du chemin de fer de l'Est.

Commerce des produits. — Vente des grains sur échantillon.

Main-d'œuvre. — La main-d'œuvre est rare. Pour cultiver 21 hectares de betteraves, j'ai dû employer des ouvriers du nord. En hiver, un homme non nourri se paie 2 fr. par jour ; en été on n'en trouve pas. Les tâcherons gagnent 3 fr., les domestiques à gages, de 350 à 460 fr. par an ; ils sont très-rares.

Productions du pays. — Le pays ne produit que des céréales et des plantes fourragères ; on élève des animaux de l'espèce bovine et ovine , mais on ne les engraisse pas. On élève aussi quelques chevaux.

Renseignements spéciaux.

Etendue du domaine. — L'étendue du domaine est de 158 hectares. Les pièces de terre sont closes par des fossés qui servent à l'écoulement des eaux.

La propriété est d'un seul tenant.

Mode de jouissance. — Jouissance à bail par redevance fixe en argent, sans conditions particulières, quant à la culture.

Importance du capital employé. — L'importance du capital employé sur le domaine peut être évaluée de 110 à 120 mille francs, c'est-à-dire à une valeur supérieure du double à celui des exploitations de même importance dans la contrée.

Bâtiments. — N'étant que fermier, je n'ai pu faire de grandes améliorations aux bâtiments d'exploitation existant ; cependant j'ai fait, tant pour le compte de mon propriétaire que pour le mien, des constructions dont la commodité ne peut être appréciée que sur les lieux.

Moyens de transports. — Les transports se font au moyen de chariots pour les récoltes, et de tombereaux pour les fumiers, amendements, etc.

Mode de harnachement. — Les chevaux travaillent avec le collier ordinaire, les bœufs avec le collier de bois appelé *jouquet* ; cette manière économique d'atteler, qui paraît si dure, n'a encore pu être remplacée par quelque chose d'avantageux pour la satisfaction de l'animal. L'attelage par la tête pour les bœufs du pays a paru les fatiguer davantage.

Assolements. — L'exploitation est ainsi divisée :

Terre en blé.	38 hect.
En avoine.	25
Orge.	6
Seigle.	3
Vesces, Jarrots, Féverolles	7
Vesces sur Jachères.	2
Luzerne.	25
Betteraves.	23
Trèfle.	6
Minette	6
Prés.	7
Jachères mortes.	3
Bois.	4
Total.	158 hect.

Rotation. — Après blé, avoine, seigle, orge, vesces ou betteraves ; après avoine, trèfle rouge ou minette, betteraves, vesces et jachères mortes sur 3 à 6 hectares, dans les plus mauvaises parties.

Après betteraves, blé dans la plus grande partie et betteraves pour la deuxième fois dans la partie restante.

Après la luzerne, qui reste toujours quatre ans, avoine et blé immédiatement. Après trèfle et minette, blé.

Engrais. — Je répands des engrais issus d'animaux dans la proportion de 35 à 40,000 kil. par hectare, et sur quarante hectares chaque année. Je reviens tous les trois ans mettre la même quantité sur les mêmes terres.

Parcages. — Mes parcages se mettent sur fumier où la terre aporté de la minette, vesces, trèfle ou avoine, après luzerne.

Fumiers — Tous les fumiers fabriqués depuis le mois de septembre jusqu'au 15 mai sont mis sur les terres qui doivent produire de la betterave et du blé ; ensuite ceux faits de mai à septembre sont employés sur les terres en minette, sur les trèfles rouges, après leur deuxième coupe. J'estime que les engrais que je fabrique par mes animaux, en mettant moitié de la consommation à la charge des engrais, et l'autre moitié à celle du travail que donnent le cheval et le bœuf, et pour les bêtes à l'engrais, à la valeur qu'ils acquièrent par leur engraissement, me coûtent à l'hectare, en en mettant 35 à 40,000 kil., de 280 à 300 fr.

Engrais artificiels. — J'ai déjà, et à plusieurs reprises, employé des engrais artificiels tels que la poudrette et le guano, tout en les employant avec les prescriptions recommandées ; tous, excepté le guano, m'ont rarement donné un surcroît de récolte égal au prix qu'ils m'ont coûté, et je suis persuadé qu'aucun engrais artificiel, employé sur ma terre froide et compacte, n'est aussi puissant que le fumier d'étable ; je considère aussi que le prix de revient de cet engrais est toujours inférieur comparativement au prix des engrais artificiels, à la condition bien entendu qu'on le fasse de bonne qualité, et qu'on produise les éléments nécessaires à sa fabrication.

Marnage. — Depuis 1845, toutes mes terres labourables ont été marnées à 70 mètres cubes à l'hectare, et, depuis 1853, j'ai marné de nouveau, mais en en mettant moitié moins. Ces marnages, en ouvrant les pores de la terre, l'ont sensiblement améliorée, en rendant la couche végétale perméable et d'une culture plus facile.

Plâtrage. — Tous les ans, depuis 1845, j'ai semé sur mes prairies artificielles 20,000 kil. de plâtre, ce qui fait environ 1,000 kil. à l'hectare.

Drainage. — Quatre-vingt-trois hectares de terre ont été drainés par mes soins depuis 1851, et d'autres parties sont en voie d'exécution; il serait trop long d'en donner le détail, attendu qu'il faudrait y joindre les plans pour qu'ils fussent bien compris. Lors de la visite, les plans existants, mais par trop volumineux, seront mis sous les yeux du jury, s'il le juge à propos.

Les frais de drainage d'un hectare peuvent être évalués, dans les terres ordinaires, à la somme de 200 francs, et pour la partie pierreuse, à 300 fr.

J'ai arrosé pendant douze ans trois hectares de prés-marais, mais marais glaiseux, qui l'été se dessèchent et se fendent.

J'ai obtenu des résultats très-satisfaisants, car ces marais, qui ne faisaient que de très-mauvaises pâtures, ont fini par produire de 6 à 700 bottes de 5 kil. à l'hectare, et de qualité meilleure. Le sol se trouvant rechargé de 12 à 15 cent. par la vase des eaux depuis cette époque, j'ai cru devoir en drainant défricher ce marais, soit pour en faire une terre, soit pour améliorer la nature de l'herbe par une nouvelle semence. Il est à remarquer que les terres supérieures à ce pré étant drainées, les eaux qui pourraient servir à son arrosement étant de sources ou filtrées et n'entraînant plus avec elles de matières fertilisantes, ne sont plus d'aucun effet pour la croissance de l'herbe.

Labours. — Les labours se font jusqu'alors au moyen de charrues de bois pour les labours les plus difficiles, dans les terres fortes, par exemple, et pour les limons par la charrue de Brie et le brabant.

Le prix de la charrue de Brie est de 100 fr., et celui du brabant double en fer 200 fr. environ.

Le nombre d'animaux attelés est de six chevaux ou bœufs, pour les terres fortes, et pour les limons de quatre de ces animaux.

La profondeur des labours varie de 10 à 25 centimètres, selon les circonstances. Ils s'exécutent en billons pour les terres non drainées, et en planches pour les terres drainées.

Instruments. — Pour la division de ce sol compact, tendant toujours à se serrer, je suis obligé d'employer presque constamment la herse à dents de fer aiguës, et, pour obtenir plus de profondeur, je me sers du scarificateur à dents aiguës ou en forme de cuillère, suivant les circonstances.

La houe à cheval est rarement employée pour la culture de la betterave.

Emploi du rouleau ordinaire.

Semis. — Semis à la main et à la volée pour les céréales et les plantes artificielles; pour la betterave, au moyen du semoir.

Les semences sont enfouies presque toutes à la herse et fort peu sous raie.

Les blés, après avoir été parfaitement nettoyés, sont soumis à l'action du chaulage ordinaire.

Pour les céréales, 2 hectolitres à l'hectare; pour les graines fourragères, luzerne, 14 kil.; le trèfle et la minette, 10 kil. l'hect.

Les blés se sèment ordinairement du 25 septembre au 10 octobre.

Le binage a lieu pour les betteraves de trois à quatre fois et le rehersage pour les avoines.

Moisson. — Pour la moisson, on emploie la faulx et la sape ; la moisson se fait ordinairement du 25 juillet au 25 août. Dans les années humides, le blé est mis en moyette aussitôt coupé. Ce mode de conservation me réussit très-bien.

Fenaison. — Les foins naturels et artificiels sont fanés par les moyens ordinaires et bottelés dans les champs.

Récolte de racines. — L'arrachage de betteraves se fait au moyen de petites fourches à dents plates ; la mise en silos n'a lieu que quelques jours après ; les silos faits à une profondeur de 50 c., sur 1 m. 35 de large, et la betterave empilée en pointe à 70 cent., du sol est d'une conservation parfaite sans autres précautions.

Ces silos contiennent de neuf à dix mille kil.

Les céréales sont mises en grange et en meules ; le battage se fait au moyen de la machine Duvoir.

Considérations générales

sur les modifications et améliorations apportées à mon exploitation.

J'ai succédé à mon père en 1844 dans la ferme que j'exploite à Villardelle, et je suis loin de m'attribuer toutes les améliorations faites sur ce sol.

Pour plus de clarté, je dois indiquer le point de départ ; il sera facile au jury de se convaincre que si notre marche a été lente, c'est que nous avions affaire à un sol difficile et bien ingrat, et que d'un autre côté nous avons toujours marché dans une voie sûre qui ne laisse pas de doute pour la réussite.

Mon père est entré en 1813 à Villardelle ; il a eu à supporter l'invasion, les années 1814 et 1815, si fâcheuses par rapport à leur humidité, et ce n'est guère qu'en 1820, d'après ce qu'il m'a dit, qu'il a pu commencer à donner quelque soin à sa culture. Il serait bien à désirer d'avoir aujourd'hui le plan de cette propriété, telle qu'elle était à cette époque, avec ses landes, ses buissons, ses murgers de pierres çà et là distribués sur le sol, pour la comparer avec ce qu'elle est aujourd'hui.

Le premier de ses soins a été de faire disparaître ces obstacles et de mettre en culture la moins mauvaise partie de ces landes.

En 1825, il avait déjà quelques trèfles et luzernes qu'il a importés le premier dans le pays et qui, quoique poussant médiocrement, lui étaient déjà d'un grand secours ; il a commencé à nourrir 250 moutons, indépendamment des animaux nécessaires à sa culture ; il avait pour eux un soin tout particulier ; il avait aussi compris que là était une source intarissable de produits : engrais, laines, viande ; mais combien de difficultés pour conserver la santé de ses animaux sur un sol aussi humide. Combien de fois, de 1813 à 1844, n'a-t-il pas été obligé de vendre son troupeau, chose qu'il faisait presque toujours à temps, c'est-à-dire avant que la maladie eût fait assez de progrès, et tandis que l'animal était encore propre à l'engraissement?

En 1835, sa terre s'améliorant, il avait 25 à 30 hectares de prairies artificielles, avec lesquelles il nourrissait convenablement 400 bêtes à laine et environ 100 agneaux. A mesure qu'il nourrissait mieux, il avait moins à redouter la cachexie aqueuse; cependant cette maladie a toujours été un terrible ennemi pour nous; car, indépendamment de l'humidité produite par le sol, nous avons en outre le voisinage de la forêt de Retz bordant la propriété d'un côté, donnant lieu à des rosées prolongées et malsaines pour le pâturage des animaux. Mon père avait pu faire aussi quelques marnages avant la cession qu'il m'a faite.

Ainsi, vous le voyez, Messieurs j'arrivai sur un sol à peu près déblayé; et quoique mon père, selon l'opinion publique, eût devancé son temps, son avis était que j'avais encore beaucoup à faire. Aussi me trouvais-je complètement d'accord avec lui, lorsqu'en lui succédant, j'eus formé le projet de marner toute ma terre, chose que je fis de 1845 à 1850. Depuis j'ai remarné à 35 mètres cubes l'hectare, au lieu de 70 employés la première fois, et j'ai fait l'acquisition de paille que j'allais chercher en moyenne à 30 kilomètres de la ferme. En augmentant mes prairies artificielles, j'ai dû continuer, pendant six années, à acheter 6 à 8,000 bottes de paille de 5 à 6 kil. par année, et depuis cette époque je me suffis parfaitement. Pour la bonne confection de mes fumiers, j'ai dû changer complètement la disposition de ma cour : je l'ai nivelée de manière que tous les égoûts des fumiers viennent aboutir à un récipient voûté au milieu de la cour, pour être jetés en arrosement, au moyen d'une pompe peu coûteuse, sur les couches de fumier, qui n'est jamais employé avant une entière confection ; quelques eaux provenant des couvertures des bâtiments, venant encore de la cour et entraînant avec elles quelques matières fertiles, sont introduites dans un récipient en dehors de la ferme où je mets pour les absorber des feuilles d'arbres, débris de jardin et autres matières dont on ne saurait tirer parti. Ce procédé me produit de quoi amender convenablement un hectare de terre chaque année. A l'exemple de mon père, je me suis attaché à l'élevage de tous les animaux nécessaires à l'exploitation ; j'ai cru remarquer que les efforts que nous faisions pour la perfection de nos races étaient rarement couronnés de succès. Je commence par l'espèce chevaline. Mon père a eu longtemps un étalon provenant du pays ; sans être de premier choix, je n'ai jamais vu de produit mieux réussi sous le rapport de la santé, du travail et de la durée ; maintenant que je prends quelques soins, je ne réussis pas à ma satisfaction.

Pour l'espèce bovine, j'ai déjà eu 5 à 6 taureaux de race

Suisse, Comtoise, Normande ; je suis à me demander si je ne serais pas arrivé à quelque chose d'aussi convenable en améliorant la race du pays par elle-même et en employant les meilleurs choix ; je la crois plus résistante au travail, d'après le besoin apparent de l'agriculture, au point de vue aussi de l'alimentation, car plus nous élèverons de ces animaux, plus il s'en trouvera aussi pour l'engraissement.

Le mouton, cet animal auquel on ne demande que de l'engrais, de la laine et de la viande, peut, avec un régime d'aliment bien entendu, s'acclimater plus facilement ; aussi, depuis 1844, ai-je pu former un troupeau avec les brebis du pays en les accouplant à de bons reproducteurs venant de Rambouillet ou de nos meilleurs établissements de France. J'ose dire aujourd'hui que mon exploitation qui, dans la contrée, est celle qui offre le plus d'obstacles à l'élève des bêtes ovines, est cependant celle qui possède le meilleur troupeau et le plus nombreux. Du reste, comme la meilleure garantie de reproduction est dans le nombre d'animaux que l'exploitation nourrit, on voudra bien consulter le dénombrement qui suit, ayant toujours égard à l'étendue de l'exploitation et à la mauvaise qualité de son sol.

Chevaux de travail.	14
Bœufs.	18
Bœufs à l'engrais.	8
Bouveaux de 1 à 3 ans.	10
Vaches à lait.	4
Taureau..	1
Total	55

Troupeau.

Béliers.	70 à 80
Brebis.	215
Antenoises.	70
Agneaux gris.	125
Moutons à l'engrais.	150
Agneaux de l'année	150
Total.	784

J'ai ramassé et arraché dans mes terres fortes des quantités considérables de pierres qui ont servi à la confection de la ligne vicinale qui passe sur une partie de la propriété ; j'ai aussi construit à mes frais 1,600 mètres de chaussée empierrée sur le chemin de Reims, allant du Charmel à Ronchères, passant près de la ferme.

J'ai défriché tous les savarts restant sur la propriété, huit hectares. Ces savarts étant composés d'un terrain fort pierreux, j'avais entrepris de les faire défoncer par la pioche, à une profondeur de 0 m. 25 , pour débarrasser le dessus de ces pierres. Ce défoncement me coûtait 4 fr. l'are ; il ne m'a pas réussi comme celui fait à la charrue , en la faisant suivre par des hommes pour extraire les pierres à mesure que la raie s'ouvrait. Par ce moyen, j'ai obtenu une récolte beaucoup plus satisfaisante et me coûtant moins. Je ne saurais dire la quantité de tombereaux de terre que j'ai ramenés de bas en haut pour recharger les parties hautes qu'un labourage mal entendu avait fait descendre dans les parties supérieures.

J'ai toujours fait quelque peu de racines de betteraves et carottes ; en soignant particulièrement un coin de terre , j'ai réussi à avoir des récoltes passables. Quels n'ont pas été mes regrets d'être fermier d'un aussi mauvais sol , lorsqu'en 1855 ont apparu les distilleries agricoles ; je visitai ces établissements avec la contrariété amère de ne pouvoir les imiter.

C'était de la témérité que de faire en grand de la betterave sur mon sol inférieur. Cependant, en 1855, j'ai fait quelques essais au midi, à l'est et au nord ; je fis çà et là quelques semis de betteraves qui ont reçu tous mes soins ; aussi quelle n'a pas été ma satisfaction en voyant la récolte que mes betteraves me donnaient, soit 30,000 kilog. à l'hectare. C'est peu sans doute dans un sol fertile ; mais pour le mien c'était beaucoup.

En 1856 , je recommençai mes expériences ; elles me donnèrent un résultat plus satisfaisant, de sorte qu'en 1857 je fis, pour me servir de l'expression d'un de mes voisins, un tour de force en faisant établir une distillerie agricole et en faisant 22 hectares de betteraves pour l'alimenter. Ces betteraves m'ont donné à l'hectare 35,000 kilog

Je ne désespère pas d'arriver dans quelques années à des récoltes supérieures en général ; si ma prévoyance n'est pas trompée, la betterave sera à l'amélioration du sol ce qu'ont été les prairies artificielles, en ce sens que cette plante industrielle permet d'augmenter le nombre relatif des bestiaux.

Je crois en être convaincu ; cependant, je ne me déciderai à quitter mes prairies artificielles que quand l'expérience m'aura prouvé que je puis m'en passer ; là-dessus je suis d'avis qu'abondance de bien ne nuit pas.

Que vous dirai-je, Messieurs, de mes convictions particulières. Quant à la culture de la terre en général , vous les entrevoyez sans doute , elles se résument en peu de mots. Tenir le so dans un état complet de propreté , donner des labours profonds pour augmenter l'épaisseur de la couche végétale, labourer la terre aussitôt qu'elle est débarrassée de sa récolte pour détruire les racines qui l'étreignent et empêcher le parasite d'éclore, afin qu'elle puisse se reposer ; voilà le résumé de ma culture.

J'ai fait construire en 1857 une écurie pour loger mes chevaux ; les auges sont d'une dimension assez grande pour recevoir le foin haché et les grains concassés nécessaires au repas ;

le plancher est élevé, on peut donner du jour et de l'air à volonté; il y a à chaque coin du bâtiment des cheminées d'appel pour sortir les émanations nuisibles. Il en est de même pour mes étables, et mes bergeries ont aussi des ouvertures pour renouveler l'air à discrétion.

L'alimentation est chez moi une chose bien simple. Pour mes chevaux, leurs vivres sont hachés et leur grain est concassé; une partie de son se trouve mélangée avec, avant de le leur donner. Je suis ici à mon début; je ne me hasarderai pas à fournir des renseignements sur lesquels je ne suis pas bien fixé.

Pour l'hiver, les animaux de l'espèce bovine et ovine sont nourris avec des résidus de betterave mélangés de fourrage haché et de menue paille; il est ajouté à ce mélange 50 grammes de sel par tête de gros bétail et 5 grammes pour les moutons; les rations sont données à discrétion, c'est-à-dire pour un bœuf 70 kilogr. par jour, et 7 kilogr. pour un mouton, ayant soin toutefois que l'animal consomme bien sa ration. Pour le mouton, on augmente la ration de 4 hectogr. de foin par jour. Avec cette nourriture, les animaux ont un état d'embonpoint satisfaisant.

Pour ceux à l'engrais, j'ajoute à leur nourriture des grains concassés ou des tourteaux; j'en donne depuis 1 kilogr. pour commencer jusque 4 kilogr. par jour; de cette manière, il me faut 3 à 4 mois pour nourrir un bœuf et le rendre propre à la bonne boucherie.

Pour les moutons à l'engrais, trois mois suffisent, à la condition qu'au début ces animaux ne soient pas trop maigres. Je n'engraisse que de septembre à mai, laissant aux nourrisseurs qui ont des pâturages le soin d'engraisser l'été.

Ma comptabilité se fait en enregistrant les recettes et par un inventaire à la fin de chaque année; je fixe ainsi ma position et les résultats obtenus.

Il ne m'a pas été possible d'obtenir un compte assez exact de ce que coûtent les engrais faits à la ferme, du produit qu'ils donnent pour asseoir une comptabilité sûre.

Je serais bien heureux qu'un agronome pût me faire connaître d'une manière précise les dépenses à la charge des engrais et aussi à combien de récoltes et dans quelle proportion cette dépense doit être fixée pour une bonne répartition. La solution de cette question est au-dessus de mon savoir; mais ce que je sais parfaitement, c'est que plus j'en produis, plus je produis de récoltes, de viande, de laine; je le répète, on doit, autant que possible, faire que la terre se suffise à elle-même, parce qu'il n'y a pas d'engrais artificiels assez puissants pour remplacer avantageusement le fumier d'étable. Je crois qu'il faut laisser au sol fertile, friable, les engrais artificiels qui suffisent à la végétation de leurs plantes.

Je me résume et je dis que les engrais ne coûtent cher qu'à ceux qui en font peu, car ils recueillent peu; je dis aussi que pour faire de la bonne culture dans un sol inférieur , il n'y a pas de choix à faire, il faut faire des engrais, beaucoup d'engrais ; pour faire beaucoup d'engrais, il faut beaucoup d'animaux, et pour nourrir beaucoup d'animaux, il faut beaucoup de fourrage. Cette route à suivre est bien longue sans doute, mais on n'a pas à redouter le naufrage, le port est sûr ; en même temps que le cultivateur y trouve son compte, le sol qu'il exploite y trouve aussi le sien, car il est naturellement amélioré.

Je mettrai sous les yeux du jury, si j'ai l'honneur d'être visité, et s'il le désire, mon état de situation à mon entrée et ce qu'il était au 31 décembre dernier.

Tels sont, Messieurs, les renseignements que j'ai cru devoir vous soumettre ; j'aurai désiré qu'ils fussent mieux ordonnés et plus clairs, ce que je n'ai pu faire malgré ma bonne volonté, étant certainement plutôt l'homme de la ferme et des champs que l'homme de cabinet.

En attendant, Messieurs, l'honneur de votre visite, etc.

MINELLE.

Villardelle , le 28 février 1858.